职业院校“十四五”系列教材

机械基础

主　编　王　英　李　静　陆　蕊

副主编　姚红丽　赵　欣　蔡世春

参　编　陈　谡　王增荣　郭　丹　樊志强

　　　　沈　浩　李　黎　赵正强

主　审　曹永志

机械工业出版社

本书以生产中常见的机械传动、常用机构和机械零件三大部分为主线，以职业需求确立教学内容，涵盖了初中起点和高中起点高级工机械基础课程内容，相关技术内容及符号等均采用现行国家标准。本书主要内容包括：带传动、螺旋传动、链传动、齿轮传动、蜗杆传动、轮系、平面连杆机构、凸轮机构、其他常用机构和轴系零件等。本书采用了较多的图例、图表及实例进行讲解，直观性强，有助于理解和掌握。

本书可作为职业院校机械类专业和近机械类专业的教材，也可作为技术人员的参考用书。

图书在版编目（CIP）数据

机械基础/王英，李静，陆蕊主编. —北京：机械工业出版社，2021.10（2023.10 重印）

职业院校“十四五”系列教材

ISBN 978-7-111-69860-9

Ⅰ.①机… Ⅱ.①王… ②李… ③陆… Ⅲ.①机械学-职业教育-教材 Ⅳ.①TH11

中国版本图书馆 CIP 数据核字（2021）第 258175 号

机械工业出版社（北京市百万庄大街 22 号 邮政编码 100037）

策划编辑：王晓洁　　责任编辑：王晓洁　王　良

责任校对：陈　越　张　薇　封面设计：马若濛

责任印制：任维东

北京中兴印刷有限公司印刷

2023 年 10 月第 1 版第 3 次印刷

184mm×260mm · 10.75 印张 · 274 千字

标准书号：ISBN 978-7-111-69860-9

定价：39.80 元

电话服务	网络服务
客服电话：010-88361066	机　工　官　网：www.cmpbook.com
010-88379833	机　工　官　博：weibo.com/cmp1952
010-68326294	金　　书　　网：www.golden-book.com
封底无防伪标均为盗版	机工教育服务网：www.cmpedu.com

前　言

为了更好地适应全国职业院校机械类专业的教学要求，本书结合职业院校学生特点及学时规定，着力将枯燥乏味的机械基础理论变得直观易懂，并从“适度、够用”的要求出发编写而成。

本书主要具备以下特色：

(1) 以培养机械方向应用型人才为目标，注重学生对机械专业基础知识的学习。

(2) 为了满足现代科学技术发展需求，书中增加了新知识、新技术和新设备等方面内容，并严格贯彻国家有关技术标准要求。

(3) 采用实物图片及图表的形式，将各知识点生动形象地展示出来，力求给学生创造一个更加直观的认知环境，也便于学生自学掌握。

(4) 各章均设有贴近日常生活、生产的案例并配以生动直观的图片进行说明，便于拓展学生的思维结构，引导学生进行观察及思考。

(5) 章后均配有相关内容的习题，帮助学生巩固所学知识。

(6) 提供了较为完善的数字化教学资源：配套有电子课件，便于学生理解掌握。

本书在编写过程中得到了廊坊技师学院、淮安技师学院、玉田县职业技术教育中心、石家庄工程技术学校和哈密职业技术学校等有关单位领导、专家的大力支持，在此一并表示感谢。鉴于编者水平有限，书中难免有不妥和疏漏之处，恳请广大读者批评指正。

编　者

目　录

绪　论

一、机械

提起机械，人们并不陌生，可以说，人们的生活几乎离不开机械，从小小的剪刀、钳子、扳手，到计算机控制的机械设备、机器人、无人机等，机械在现代生活和生产中都起着非常重要的作用。机械的种类和品种很多，如汽车、数控机床、挖掘机和洗衣机等，如图 0-1 所示。机械是机器与机构的总称。

a) 汽车　b) 数控机床　c) 挖掘机　d) 洗衣机

图 0-1　机械

1. 机器与机构

机器是一种用来变换或传递运动、能量、物料与信息的实物组合，各运动实体之间具有确定的相对运动，可以代替或减轻人们的劳动，完成有用的机械功或将其他形式的能量转换为机械能。常见的机器有变换能量的机器、变换物料的机器和变换信息的机器等，其类型及应用见表 0-1。

表 0-1　常见机器的类型及应用实例

机器类型	应用实例
能量转换	发电机、电动机、汽油机、柴油机等
变换物料	机床、轧钢机、起重机、挖掘机、运输车辆等
变换信息	计算机、录音机、复印机、摄像机、手机等

图 0-2 所示为单缸内燃机，它是由气缸体 1、活塞 2、进气阀 3、排气阀 4、推杆 5、凸

轮6、连杆7、曲轴8、小齿轮9、大齿轮10等组成。通过气缸体内的进气→压缩→做功→排气的过程，将热能转换为机械能。

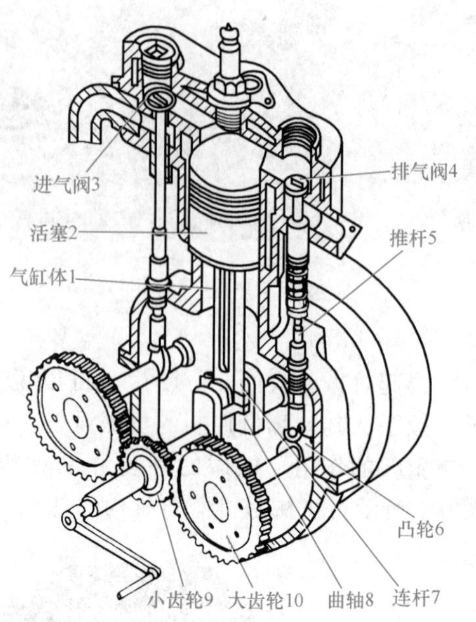

图 0-2　单缸内燃机

机器的种类繁多，用途各不相同，总的来说机器有三个特征：

1）任何机器都是人为的实物组合。

2）组成机器的各实体之间具有确定的相对运动。

3）可代替或减轻人的劳动，完成有用的机械功或实现能量转换。

机器尽管多种多样、千差万别，但机器的组成大致相同，一般都由动力部分、传动部分、执行部分和控制部分等组成，见表0-2。

机构是具有确定相对运动的构件组合，它具有机器的前两个特征，但不能实现机械能的转换。如图0-1所示，单缸内燃机中的曲柄摇杆机构、凸轮配气机构、齿轮机构等就是典型的机构。

表 0-2　机器的组成

组成部分	作用	应用实例
动力部分	将其他形式的能量转换为机械能，驱动机器各部件运动	发动机、电动机、空气压缩机、蒸汽机等
传动部分	将原动机的运动和动力传递给执行部分的中间环节	链传动、带传动、螺旋传动、齿轮传动、连杆机构等
执行部分	直接完成机器的工作任务，处于整个运动装置的终端，其结构形式取决于机器的用途	摩托车的车轮、金属切削机床的主轴
控制部分	包括自动检测部分和自动控制部分，其作用是显示和反映机器的运行位置和状态，控制机器正常运行和工作	摩托车的把手、节气门、仪表等，加工中心、数控机床及机器人控制装置等

机构的主要功能是传递或转变运动形式，而机器的主要功能是利用机械能做功或能量转换。例如，电动机是将电能转换为机械能、内燃机是将热能转换为机械能，而内燃机中的曲柄滑块机构只是将活塞的上下往复运动转换为曲轴的旋转运动。

2. 零件、部件与构件

机器是由若干个零件装配而成的。零件是机器及各种设备中最小的制造单元。有些零件是在各种机器中都常用的，故称为通用零件；有些零件只有在特定的机器中才用到，称为专用零件。

从运动学的角度出发，机器是由若干个运动单元组成的，这些运动单元称为构件。构件可以是一个零件，也可以是几个零件的刚性组合。

零件和构件的区别见表0-3。

在机械装配过程中，往往将零件先装配成部件，然后才进入总装配。部件是机器的组成部分，是由若干个零件装配而成的，如车床的主轴箱、进给箱、各种机器的减速器、离合器等就是部件。

表 0-3　零件和构件的区别

类型		图例	作用	区别
零件	通用零件	螺母　螺栓　齿轮　链轮	各种类型的机器中都可以使用	制造单元
	专用零件	凸轮轴　活塞	特定类型的机器中使用	
构件	独立零件	曲轴	单一零件	运动单元
	若干零件	连杆	几个零件的组合	

二、机械传动的分类

利用机械传递运动或动力的传动方式叫机械传动，按传递运动和动力的方式不同分类如下：

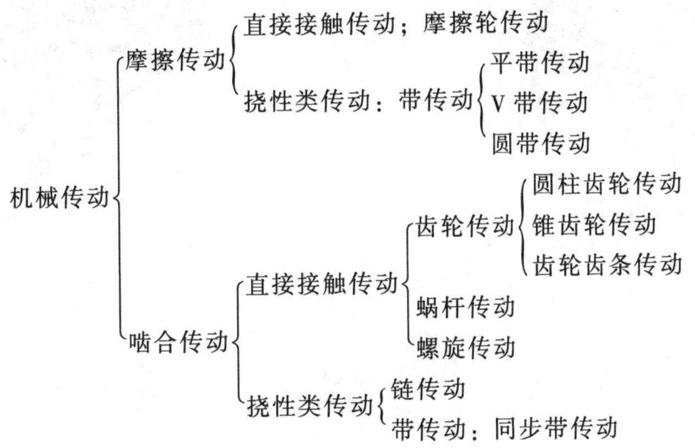

三、课程概述

1. 课程性质

本课程是机械类专业的专业基础课，为学习专业技术课和培养专业岗位能力服务。

2. 课程内容

本课程内容包括机械传动、常用机构、轴系零件等方面的基础知识。

3. 课程任务

掌握必备的机械基础知识和操作技能，懂得机械的工作原理；培养分析问题和解决问题的能力，形成良好的学习习惯；养成爱岗敬业的工作作风和良好的职业道德。

第一章　带　传　动

在日常生活中经常可以看到应用带传动的设备，如跑步机、拖拉机、家用缝纫机、汽车发动机等（图 1-1）。

a) 跑步机

b) 拖拉机

c) 家用缝纫机

d) 汽车发动机

图 1-1　带传动的应用

第一节　带传动的组成、原理和类型

【学习目标】

1. 了解带传动的组成、工作原理、平带传动的类型及应用场合。
2. 掌握传动比、包角和带长计算方法。

【知识导入】

图 1-1c 中，通过带传动将缝纫机脚踏往复摆动的作用力传递给上方机构，从而带动缝纫机针头上下运动；图 1-1d 中，汽车发动机通过带传动将下部曲轴旋转的动力传递给上方

凸轮轴、发电机及水泵等。那么带传动是怎么工作的呢？下面就一起来学习。

【学习内容】

一、带传动的组成及工作原理

1. 带传动的组成与类型

带传动是一种应用广泛的机械传动方式，主要由主动带轮、从动带轮和具有挠性的传动带等组成。

带传动分为摩擦型带传动和啮合型带传动两类。属于摩擦型带传动有平带传动、V 带传动和圆带传动，属于啮合型带传动有同步带传动，见表 1-1。

表 1-1　带传动分类

类型	图例		特点		应用
摩擦型	平带		平带结构简单，质轻且挠曲性好，带轮制造方便	传动过载时存在打滑现象，传动比不准确	常用于高速、中心距较大、平行轴的交叉传动与交错轴的半交叉传动
	V 带		承载能力大，是平带的 3 倍，使用寿命长		常用于一般机械传动中
	圆带		结构简单，制造方便，抗拉强度高，耐磨损、耐腐蚀，使用温度范围广，易安装，使用寿命长		常用于包装机、印刷机、缝纫机等
啮合型	同步带		传动比精确，传动平稳，传动精度高，结构相对复杂		常用于传动精度要求较高的场合，如数控机床、纺织机械、机器人等

2. 带传动的工作原理

在带传动工作过程中，主动轮的旋转通过带与带轮接触面之间的摩擦力（或啮合力）驱使从动带轮转动，从而完成运动和动力的传递。

图 1-2a 所示为摩擦型带传动（通常称为带传动），是以一定的初拉力将带张紧在带轮

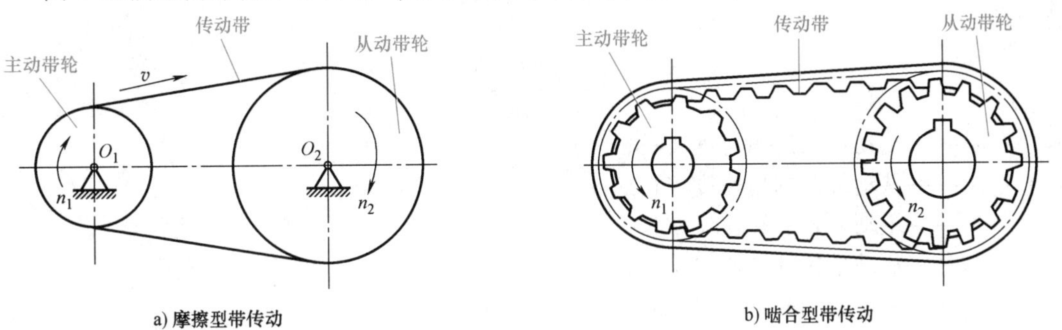

a) 摩擦型带传动　　b) 啮合型带传动

图 1-2　带传动类型

上，在带与带轮的接触面间产生正压力，当主动带轮转动时，靠带与带轮间的摩擦力，驱使从动带轮转动，从而达到传递运动和动力的目的。

图 1-2b 所示为啮合型带传动（通常称为同步带传动）。它是靠带内侧的齿与带轮轮缘上的齿相互啮合来传递运动和动力的。

二、平带传动的形式和主要参数

1. 平带传动的工作原理和形式

平带传动的工作原理就是利用带作为中间挠性件，依靠带与带轮之间的摩擦力来传递运动和动力，如图 1-3 所示。

图 1-3　平带传动

平带在工作时，带的环形内表面与带轮接触，结构简单，而且平带比较薄，挠曲性能好，适用于高速运转的传动；又由于平带的扭转性能好，因此也适用于平行轴的交叉传动。其传动形式见表 1-2。

表 1-2　平带的传动形式

传动形式	图例	定义	应用场合
开口式	a	开口传动是带轮轴线平行、两轮宽的中平面重合、转向相同的带传动	用于两轴轴线平行且旋转方向相同的场合，应用最为广泛
交叉式		交叉传动是带轮轴线平行、两轮宽的中平面重合、转向相反的带传动	用于两轴轴线平行且旋转方向相反的场合，应用比较广泛
半交叉式		半交叉传动是带轮两轴线在空间交错的带传动，交错角通常为 90°	用于两轴轴线互不平行、空间交错的场合

2. 平带传动的传动比

平带传动的传动比 i 就是两带轮的角速度（或速度）之比，也等于两带轮的直径的反比，即

$$i=\frac{\omega_1}{\omega_2}=\frac{n_1}{n_2}=\frac{d_2}{d_1}$$

式中　ω_1——主动带轮的角速度（rad/s）；

ω_2——从动带轮的角速度（rad/s）；

n_1——主动带轮的转速（r/min）；

n_2——从动带轮的转速（r/min）；

d_1——主动带轮的直径（mm）；

d_2——从动带轮的直径（mm）。

讨论： 如果带传动发生打滑，还能采用上述公式吗？

3. 平带传动的主要参数

（1）带轮的包角　带轮的包角（α）就是带与带轮接触面的弧长所对应的中心角。包角的大小反映带与带轮接触弧的长短（图 1-4）。包角越小，接触弧长越短，接触面间所产生的摩擦力总和也就越小。为了提高平带的承载能力，包角就不能太小，一般包角 $\alpha \geqslant 120°$。

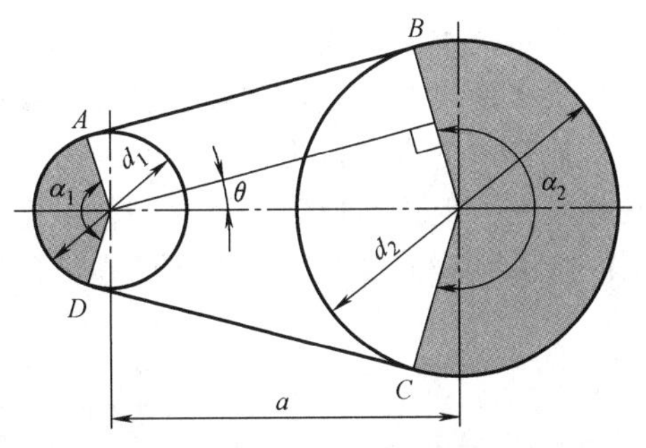

图 1-4　带轮的包角

由于大带轮的包角总是大于小带轮的包角，因此只需验证小带轮上的包角是否满足要求即可。小带轮的包角计算公式见表 1-3。

表 1-3　小带轮的包角计算公式

传动形式	小带轮包角	胶带几何长度
开口式	$\alpha_1 \approx 180° - (d_2 - d_1)/a \times 60°$	$L = 2a + \pi/2 \times (d_2 + d_1) + (d_2 - d_1)^2/4a$
交叉式	$\alpha_1 \approx 180° + (d_2 + d_1)/a \times 60°$	$L = 2a + \pi/2 \times (d_2 + d_1) + (d_2 + d_1)^2/4a$
半交叉式	$\alpha_1 \approx 180° + d_1/a \times 60°$	$L = 2a + \pi/2 \times (d_2 + d_1) + (d_2^2 + d_1^2)^2/2a$

（2）平带的带长（L）　平带的带长是指带的内周长度。在实际使用中，还须考虑平带在带轮上的张紧量、悬垂量和平带的接头量。

【例】　在平带开口传动中，已知主动带轮直径 $d_1 = 200\text{mm}$，从动带轮直径 $d_2 = 600\text{mm}$，两传动轴中心距 $a = 1200\text{mm}$。试计算其传动比、验算包角。

解：（1）传动比　$i = \dfrac{n_1}{n_2} = \dfrac{d_2}{d_1} = \dfrac{600\text{mm}}{200\text{mm}} = 3$

（2）小带轮包角

$$\alpha_1 = 180° - (d_2 - d_1)/a \times 60°$$

$$= 180° - (600 - 200)/1200 \times 60°$$

$$= 160°$$

三、平带传动的特点及应用

平带传动的优点：

1）平带结构简单，质轻且挠曲性好，带轮制造方便。

2）传动平稳、噪声小，可以缓冲吸振。

3）允许有较大的中心距，结构简单，制造、安装和维护较方便。

4）传动过载时会存在打滑现象，从而起到保护其他传动部件免受损坏的作用。

平带传动的缺点：

1）带与带轮之间存在滑动，导致其传动比不准确、传动效率低。

2）带的寿命一般较短，不宜在易燃易爆场合下工作。

平带传动的应用：常用于传动中心距较大的场合，以及平行轴的交叉传动、交错轴的半交叉传动的场合。

【知识链接】

平带的类型：皮革平带、帆布芯平带、编织平带和复合平带等。

平带的接头形式：胶合、缝合、铰链带扣等。

胶合或缝合的接头，传动时冲击小，传动速度可以高一些。铰链带扣式的接头传递的功率较大，但传动速度不能太高，以避免引起强烈的冲击和振动。当传动速度超过 30m/s 时，应采用轻而薄的无接头式的高速环形传动带。

第二节　V 带传动

【学习目标】

1. 了解 V 带的结构特点、主要参数及标记方法；熟悉普通 V 带的标准。
2. 掌握传动比、包角和带长的计算方法。
3. 了解 V 带传动的特点及正确的使用方法。
4. 掌握 V 带传动的张紧方法。

【知识导入】

图 1-5 中，拖拉机采用 3 根 V 带传动动力，机床交换齿轮箱采用 2 根 V 带传递。这两种机器为什么采用 V 带传动呢？下面就一起来学习本节内容。

a) 拖拉机

b) 机床交换齿轮箱

图 1-5　V 带传动

【学习内容】

一、V 带的结构与标准

1. 普通 V 带的结构

V 带是没有接头的环形带，截面形状为梯形，其两个侧面是工作面。

V 带由顶胶、承载层、底胶和包布层四部分组成。V 带的结构形式分为帘布和线绳结构两类，如图 1-6 所示。包布的材料是帆布，是 V 带的保护层；顶胶和底胶材料是橡胶，顶胶可以被拉伸，底胶可以被压缩；承载层主要承受拉力。

2. 普通 V 带的标准

V 带已标准化，常用 V 带主要有普通 V 带、窄 V 带、宽 V 带、半宽 V 带等，它们的楔

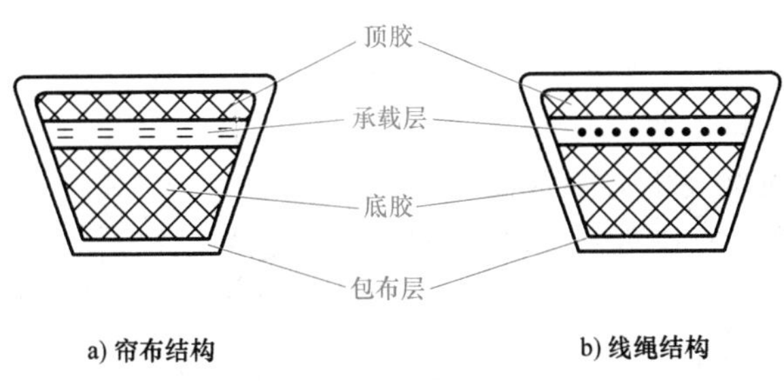

图 1-6 V 带的截面结构

角 α 均为 40°，通常普通 V 带应用最为广泛。

我国国家标准 GB/T 11544—2012 规定普通 V 带有 Y、Z、A、B、C、D、E 等型号。普通 V 带截面尺寸见表 1-4。

表 1-4 普通 V 带的型号和截面尺寸（摘自 GB/T 11544—2012）

型号	节宽 b_p/mm	顶宽 b/mm	高度 h/mm	楔角 α
Y	5.3	6.0	4.0	40°
Z	8.5	10.0	6.0	
A	11.0	13.0	8.0	
B	14.0	17.0	11.0	
C	19.0	22.0	14.0	
D	27.0	32.0	19.0	
E	32.0	38.0	23.0	

二、普通 V 带传动的主要参数

1. V 带带轮的基准直径

如图 1-7 所示，带轮直径小，整个传动装置结构紧凑。但带的弯曲应力增大，容易疲劳断裂，带的寿命降低。设计时带轮直径不宜过小。可根据 V 带型号由表 1-5 选择小带轮的基准直径，并符合表中的直径系列。

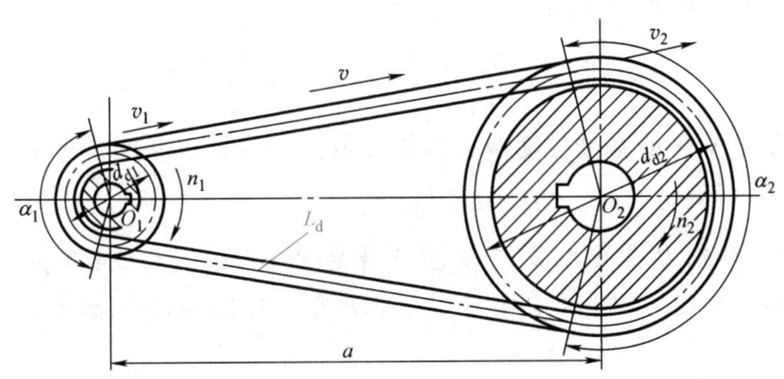

图 1-7 带轮

表 1-5 普通 V 带轮的基准直径 d_d 标准系列值（摘自 GB/T 13575.1—2008）

槽型	Y	Z	A	B	C	D	E
d_{dmin}	20	50	75	125	200	355	500
d_d的标准系列值	20、22.4、25、28、31.5、35.5、40、45、50、60、63、71、75、80、85、90、95、100、106、112、118、125、132、140、150、160、170、180、200、212、224、236、250、265、280、300、315、335、355、375、400、425、450、475、500、530、560、600、630、670、710、750、800、900、1000、1060、1120、1250、1350、1400、1500、1600、1700、1800、2000、2120、2240、2360、2500						

2. 小带轮的包角

包角直接影响带传动的承载能力，小轮的包角过小则容易产生打滑。为了保证一定的传动能力，小带轮上的包角不得小于120°。若不满足此条件，可适当增大中心距或减小两带轮的直径差。小带轮上的包角 α_1 可按下式计算（图1-8）。

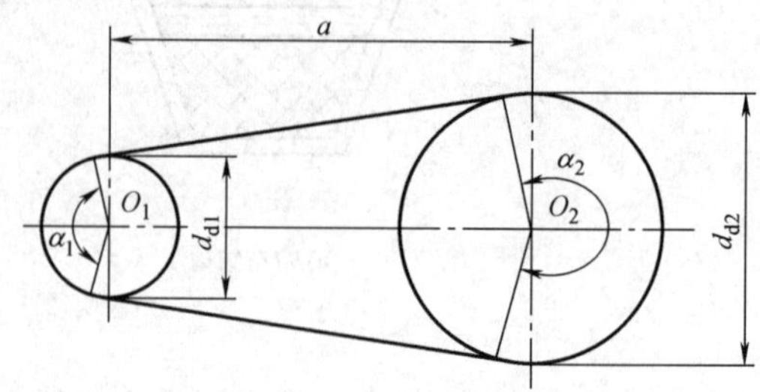

图1-8　V带传动的几何计算

$$\alpha_1=180°-\frac{d_{d2}-d_{d1}}{a}\times57.3°$$

式中　d_{d1}——小带轮的基准直径（mm）；

d_{d2}——大带轮的基准直径（mm）。

3. 传动比

普通V带传动的传动比 $i\leqslant7$，常用2~5。

传动比就是主动带轮转速 n_1 与从动带轮转速 n_2 之比。如果不计带与带轮间的弹性滑动因素的影响，那么

$$i=\frac{n_1}{n_2}=\frac{d_{d2}}{d_{d1}}$$

式中　n_1——主动带轮的转速（r/min）；

n_2——从动带轮的转速（r/min）。

4. 中心距

传动中心距 a 最大值受安装空间的限制，而最小值则受最小包角的限制。若结构布置已有要求，则中心距 a 按结构确定。若中心距没有限定，可按下式初定中心距 a。

$$0.7(d_{d1}+d_{d2})\leqslant a\leqslant2(d_{d1}+d_{d2})$$

5. V带的基准长度

带的基准长度是指V带在规定的张紧力下，测量出的带轮基准直径上的周线长度。

V带传动中，带的基准长度 L_d 按下式进行计算

$$L_d=2a+\frac{\pi}{2}(d_{d1}+d_{d2})+\frac{(d_{d2}-d_{d1})^2}{4a}$$

国家标准对普通V带的基准长度做了具体规定，计算确定基准长度 L_d 后，按表1-6确定普通V带的基准长度。

提示：V带的型号和基准长度都压印在胶带的外表面上，以供识别和选用。例如："Z1420-GB 11544—2012"即表示Z型带，标准长度为1420mm，国标GB/T 11544—2012。

6. 带速

带速计算公式为

$$v=\frac{\pi d_{d1}n_1}{60\times1000}$$

式中　v——V带的带速（m/s）；

n_1——小带轮的转速（r/min）；

d_{d1}——小带轮的直径（mm）。

带速一般控制在 $5\text{m/s}\leqslant v\leqslant25\text{m/s}$ 范围内，最佳带速 $v=20\sim25\text{m/s}$。

表 1-6 普通 V 带的基准长度 L_d（摘自 GB/T 11544—2012） （单位：mm）

型号						
Y	Z	A	B	C	D	E
200	406	630	930	1565	2740	4660
224	475	700	1000	1760	3100	5040
250	530	790	1100	1950	3330	5420
280	625	890	1210	2195	3730	6100
315	700	990	1370	2420	4080	6850
355	780	1100	1560	2715	4620	7650
400	920	1250	1760	2880	5400	9150
450	1080	1430	1950	3080	6100	12230
500	1330	1550	2180	3520	6840	13750
	1420	1640	2300	4060	7620	15280
	1540	1750	2500	4600	9140	16800
		1940	2700	5380	10700	
		2050	2870	6100	12200	
		2200	3200	6815	13700	
		2300	3600	7600	15200	
		2480	4060	9100		
		2700	4430	10700		
			4820			
			5370			
			6070			

如果带速 v 太小，由 $P=F_tv$ 可知，传递同样功率 P 时，圆周力 F_t 太大，需要带的根数就多；若带速 v 太大，则离心力太大，带与带轮的正压力减小，摩擦力下降，传递载荷能力下降，传递同样载荷时所需张紧力增加，导致带的疲劳寿命下降，这时采取的措施应该是减小 d_{d1}，否则会使 V 带寿命太短。

如 v 不合适，则应重选小带轮直径 d_{d1}。

三、V 带传动的特点和应用场合

1. V 带传动的特点

优点：

1）过载时带与带轮之间会打滑，可以起到过载保护作用。

2）带有弹性，有缓冲吸振作用，运行平稳且噪声小。

3）中心距大，适合远距离传动。

4）结构简单，制造、安装精度要求不高，维护方便。

缺点：

1）带与带轮之间有弹性滑动，传动比不恒定。

2）张紧力较大，与啮合传动相比轴上压力较大。

3）结构尺寸较大，不紧凑。

4）带与带轮之间会打滑，使带的寿命较短，带损坏时需成组更换。

5）带与带轮会产生摩擦放电现象，不适宜高温、易燃、易爆的场合。

6）传动效率低。

2. V带的应用场合

由于V带的品种规格多，购置方便，特别适合近距离中等转速的传动场合，普遍适用于一般机械传动中，应用极为广泛。

【知识拓展】 **带传动的弹性滑动**

带传动在工作时，从紧边到松边，传动带所受的拉力是变化的，因此带的弹性变形也是变化的。带传动因带的弹性变形而引起的带与带轮之间的局部相对滑动，称为弹性滑动，如图1-9所示。弹性滑动与打滑的区别见表1-7。

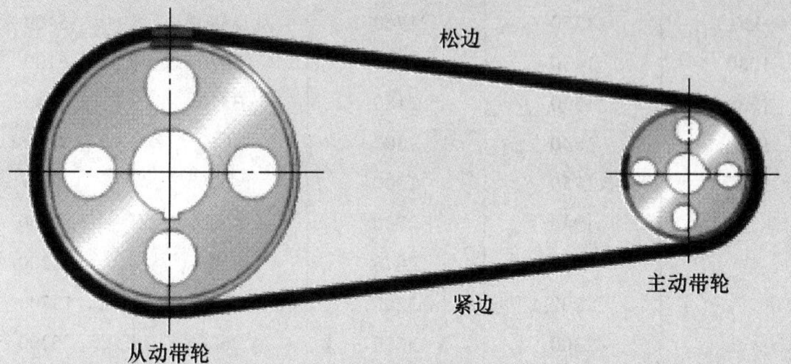

图1-9 带的弹性滑动

表1-7 弹性滑动与打滑的区别

项目	弹性滑动	打滑
现象	弹性滑动发生在带轮绕出前带与轮的部分接触弧长度上	打滑发生在带与带轮的全部接触弧长度上
原因	弹性滑动是由于带两边的压力差和带的弹性造成的	打滑是由于过载造成的
结论	弹性滑动不可避免	打滑可避免

四、V带传动的正确使用

1. V带传动的安装与维护

V带传动的安装见表1-8。

表1-8 V带传动的安装

序号	图例	安装要求
1	15mm	安装V带时应缩小中心距后套入，再慢慢调整中心距，使带达到合适的张紧程度，用大拇指能将带按下15mm左右，则张紧程度合适
2	正确 错误 错误	V带在轮槽中应有正确的位置，带和带轮槽的型号应匹配，以保证V带与轮槽的工作面充分接触

（续）

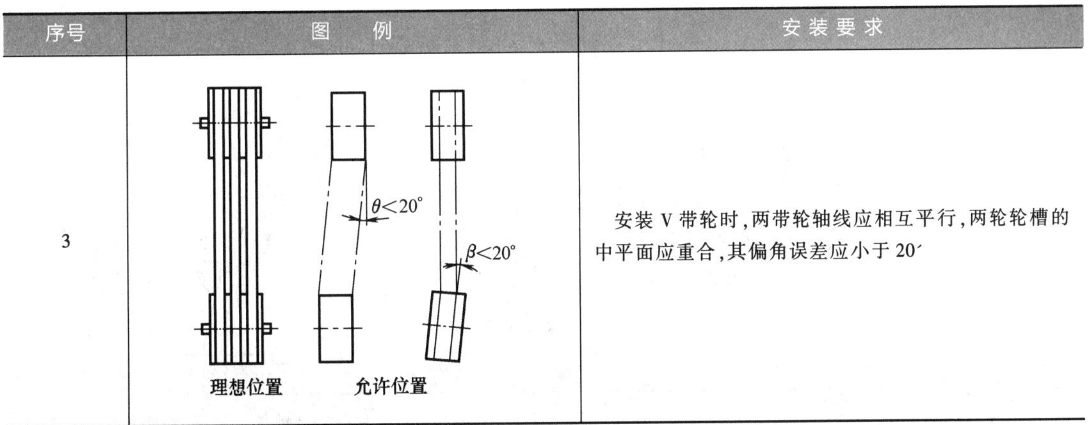

序号	图　例	安装要求
3	理想位置　允许位置 $\theta<20'$　$\beta<20'$	安装V带轮时，两带轮轴线应相互平行，两轮轮槽的中平面应重合，其偏角误差应小于20′

V带传动的维护见表1-9。

表1-9　V带传动的维护

序号	维护内容
1	带传动装置外面应加装防护罩，以保证安全，防止带与酸、碱或油接触而腐蚀带
2	带传动无须润滑，禁止往带上加润滑油或润滑脂，及时清理带轮槽内及带上的污物
3	定期检查V带，如有一根松弛或损坏应更换全部V带
4	带传动时工作温度应不超过60℃
5	如果闲置，一段时间内传动装置不用，应将传动带放松

2. V带传动的张紧装置

为保证V带的正常工作，需要定期检查或重新张紧，以恢复和保持必需的张紧力，保证带传动具有足够的传动能力。常用的张紧方式有调整中心距与使用张紧轮两种。

1）调整中心距。定期调整中心距以恢复带的张紧力。调整中心距张紧法见表1-10。

表1-10　调整中心距张紧法

张紧方式	定期张紧（调节螺栓增大中心距）		自动张紧
图例		摆架 销轴 调节螺母	
适用范围	适用于两轴线水平或接近水平的传动	适用于两轴线相对安装支架垂直或接近垂直的传动	靠电动机及摆架的重力使电动机绕小轴摆动实现自动张紧，适用于小功率传动

2）采用张紧轮。若传动的轴间距不可调整，可采用张紧轮。张紧轮张紧法见表1-11。

表 1-11　张紧轮张紧法

张紧方式	定期调节张紧轮	自动张紧轮
图例		张紧轮 平衡重锤
适用范围	张紧轮置于松边内侧且靠近大轮处，保证小带轮有较大包角 适用于 V 带固定中心距	利用平衡锤使张紧轮将带张紧。平带传动时，张紧轮安放在平带松边外侧，并靠近小带轮处，这样可增大小带轮包角 适用于平带传动

第三节　同步带传动

【学习目标】

了解同步带传动的特点及应用场合。

【知识导入】

图 1-10 所示设备中均采用了同步带传动，它是一种兼有链、齿轮、V 带优点的新型传动，现已被逐渐应用在一些机械传动上。

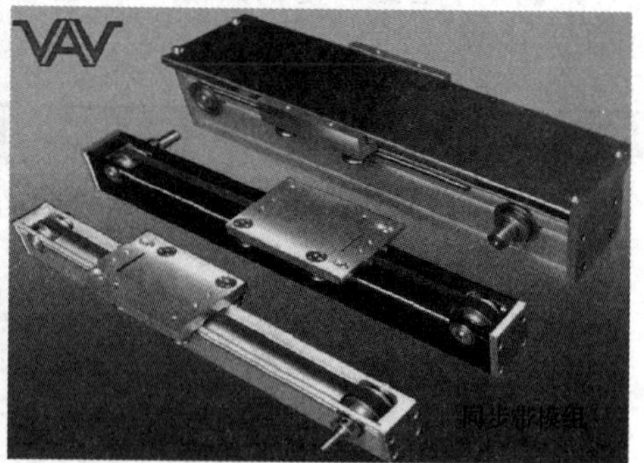

图 1-10　同步带传动

【学习内容】

一、同步带传动的结构和类型

1. 同步带的结构

同步带传动是一种在带的工作面及带轮的外周上均制有啮合齿，由带齿与轮齿相互啮合实现的传动，如图 1-11 所示。

图 1-11　同步带

同步带主要由带背、承载层（强力层）、带齿和包布层组成，其结构如图 1-12 所示。

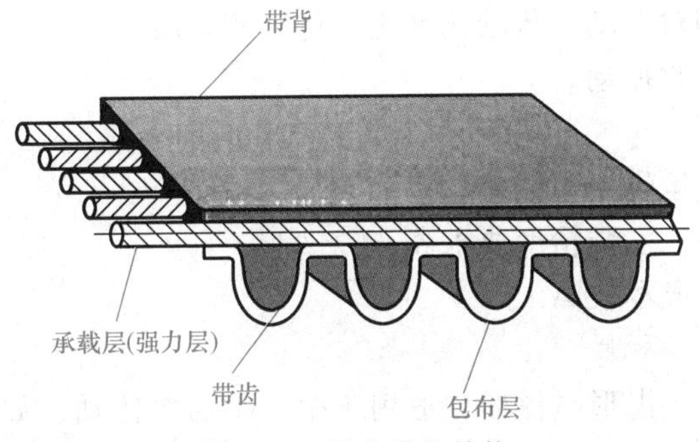

图 1-12　同步带的结构

2. 常用同步带的结构类型（图 1-13）

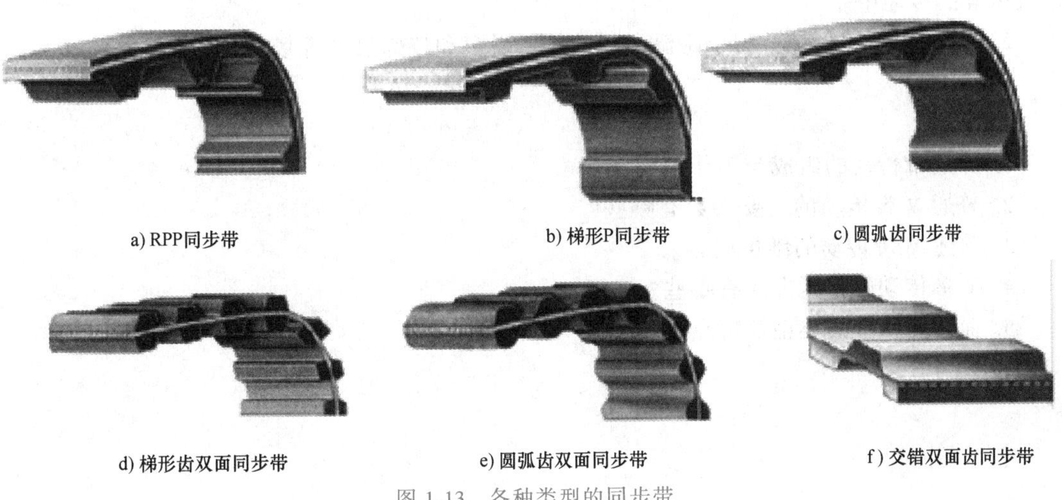

图 1-13　各种类型的同步带

3. 带轮

带轮材料一般采用铸铁或钢，有渐开线和直线两种，如图 1-14 所示。

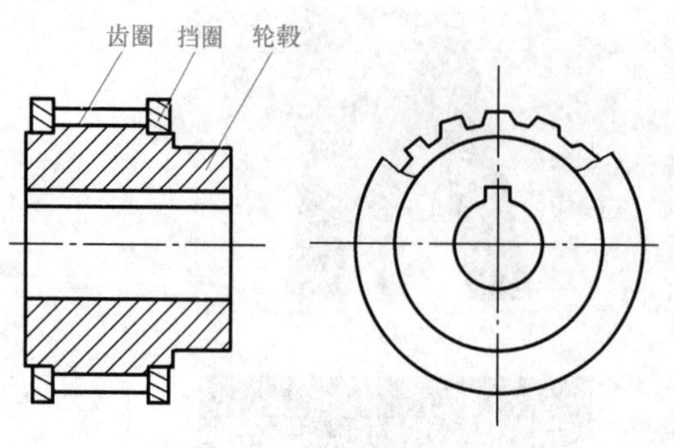

带轮齿数：

齿数少、结构紧凑，但齿数太少易弯曲和疲劳破坏，按照GB/T 11361—2018规定，小带轮应有许用最小齿数

图 1-14　同步带轮的结构

说明： 带轮的参数与同步带匹配，同步带轮一般与同步带一起购买，可选用厂家提供的标准带轮。

二、同步带传动的特点

1）传动过程中无相对滑动，传动比准确，传动效率高。

2）工作平稳，能吸收振动。

3）传动比较大。

4）维护保养方便，运转费用低。

5）中心距要求严格，安装精度要求高。

6）制造工艺复杂，成本较高。

三、同步带按用途分类

1）一般用途同步带：齿形呈梯形，适用于中、小功率传动，如复印机、各种仪器、办公机械和医疗机械等。

2）高转矩同步带：齿形呈圆弧状，适用于大功率的场合，如运输机械、石油机械和数控机床等的传动中。

3）特殊用途同步带：用于耐温、耐油、低噪声和特殊尺寸等场合。

【本章习题】

1. 简述带传动的组成与工作原理。
2. 普通 V 带传动的主要参数有哪些？
3. 简述 V 带传动的维护内容。
4. V 带传动的张紧方式有哪些？
5. 简述同步带的类型及特点。

第二章 螺旋传动

日常生产生活中到处都存在着螺纹连接，如各种管接头（图 2-1a）、饮料瓶盖（图 2-1b）、灯泡（图 2-1c）等。

除此之外，螺纹不仅可以用来进行连接，还广泛地应用在各种机械设备的螺旋传动中，如车床丝杠（图 2-1d）、螺旋千斤顶（图 2-1e）、闸门（图 2-1f）等。

a) 管接头

b) 饮料瓶盖

c) 灯泡

d) 车床丝杠

e) 螺纹千斤顶

f) 闸门

图 2-1 各种类型的螺纹连接和螺旋传动

第一节 螺纹的基本知识

【学习目标】

熟悉螺纹的分类及其应用。

【知识导入】

图 2-2 所示的台虎钳采用螺旋传动实现钳口的往复移动，使钳口闭合或分开，从而夹紧或松开工件，可见，这种传动离不开螺纹的作用。在生产生活中，螺纹不仅能够用来传动，很多时候还用来将各种零件按一定要求连接起来，这种依靠螺纹起作用的连接叫作螺纹连接。

图 2-2　台虎钳

螺纹紧固件多为标准的通用零件，在机械工业中应用非常广泛，如图 2-3 所示。

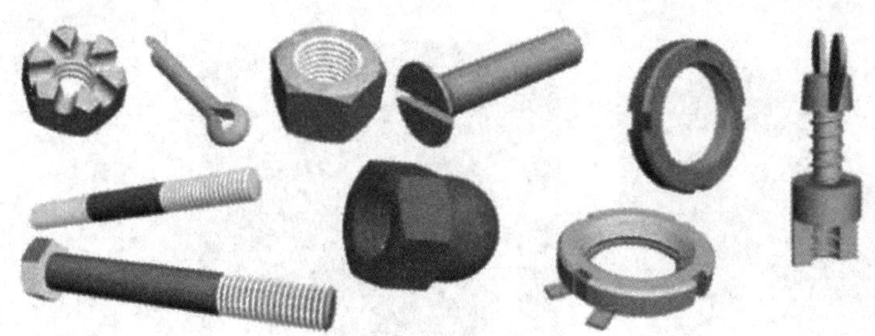

图 2-3　螺纹紧固件

【学习内容】

一、螺纹的种类

螺纹的分类方式有多种，有按螺旋线方向分类、按螺纹的牙型分类、按螺旋线的线数分类和按螺旋线形成的表面分类几种。

1. 按螺旋线方向分类

根据螺旋线的方向不同，螺纹分为左旋螺纹和右旋螺纹，如图 2-4 所示。

顺时针旋转时旋入的螺纹称为右旋螺纹；反之，逆时针旋转时旋入的螺纹称为左旋螺纹。

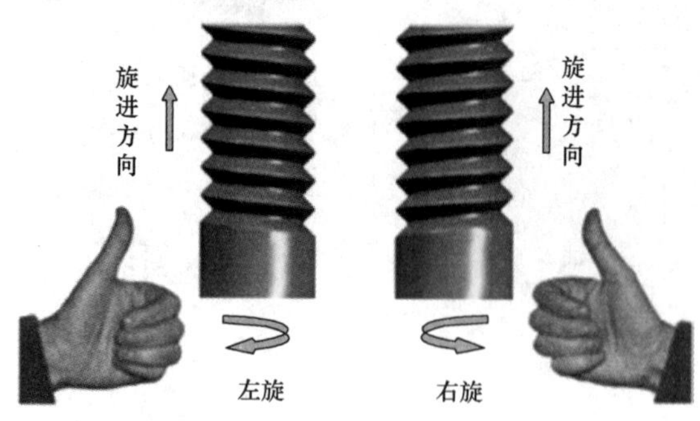

图 2-4　螺旋线方向

【知识链接】

日常生活中的螺纹连接多采用右旋螺纹，因为考虑人的习惯和安全的原因，顺时针旋入即为拧紧或关闭方向。例如：煤气罐阀门顺时针为关闭，在突发情况下，人下意识旋入为拧紧，即关闭阀门。

2. 按螺纹牙型分类

如图 2-5 所示，螺纹按截面的牙型分为三角形、梯形、锯齿形、矩形和其他特殊形状的螺纹。常用的螺纹有三角形螺纹、矩形螺纹、梯形螺纹、锯齿形螺纹和管螺纹。

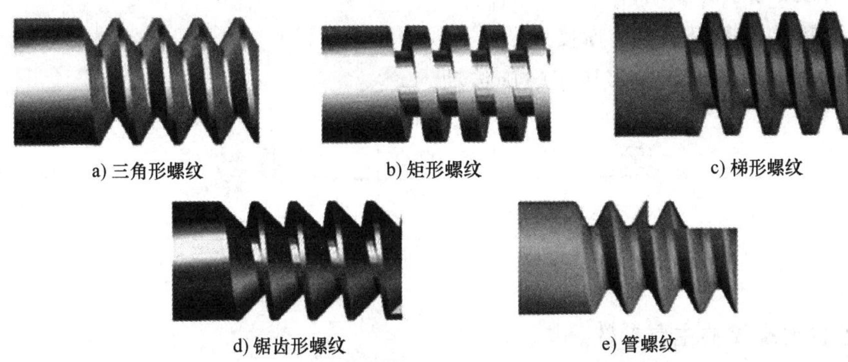

a) 三角形螺纹　b) 矩形螺纹　c) 梯形螺纹　d) 锯齿形螺纹　e) 管螺纹

图 2-5　螺纹的牙型

3. 按螺旋线的线数分类

按螺旋线的数目多少分为单线螺纹和多线螺纹，如图 2-6 所示。

单线螺纹是指由一条螺旋线所形成的螺纹；多线螺纹是指由两条或两条以上在轴向等距分布的螺旋线所形成的螺纹。

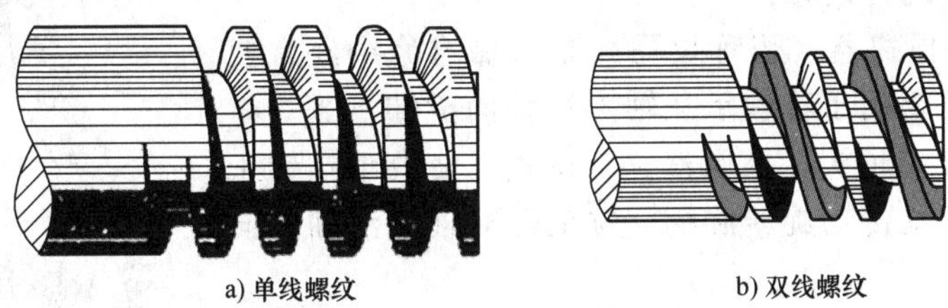

a) 单线螺纹　b) 双线螺纹

图 2-6　螺纹线数

4. 按螺旋线形成的表面分类（图 2-7）

a) 内螺纹　b) 外螺纹

图 2-7　内外螺纹

二、螺纹的应用

1. 不同牙型螺纹的应用

1）三角形螺纹（普通螺纹）广泛用于各种紧固连接，其中粗牙螺纹应用最广，细牙螺纹适用于薄壁零件等的连接和微调机械的调整。

2）梯形螺纹牙根强度较高，易于加工，广泛用于机床设备的螺旋传动中。

3）锯齿形螺纹多用于起重机械或压力机械。

2. 不同旋向螺纹的应用

右旋螺纹应用广泛。

3. 不同线数螺纹的应用

1）单线螺纹，多用于螺纹连接。

2）多线（双线）螺纹，多用于螺旋传动。

第二节　螺纹的主要参数

【学习目标】

1. 熟悉普通螺纹的主要参数。
2. 掌握螺纹的标记方法。

【知识导入】

螺旋传动广泛应用于各种机械设备上，如起重设备、精密仪表、维修设备等，主要原因是结构简单，工作连续平稳，传动比大，承载能力强，传递运动准确，容易实现自锁等。

图 2-8 所示的顶拔器（俗称拉马）是机械维修中经常使用的一种工具，主要用于将轴承从轴上沿轴向拆卸下来。将螺杆顶尖定位于轴端顶尖孔，调整拉爪位置，使拉爪挂钩于轴承外环，使用螺旋传动旋转旋柄，拉爪带动轴承沿轴向向外移动拆除。

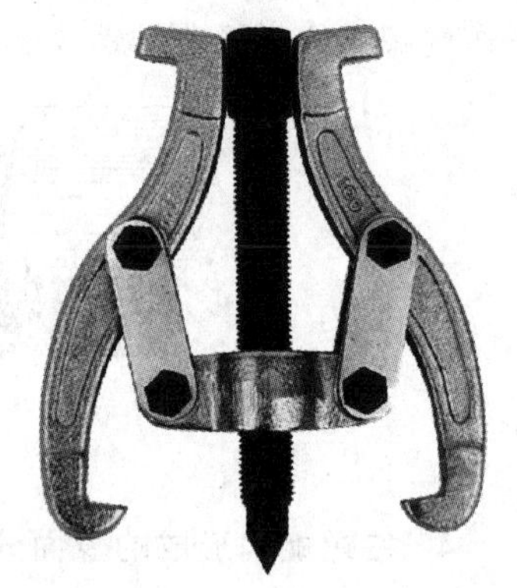

图 2-8　顶拔器

【学习内容】

一、普通螺纹的主要参数

以普通螺纹为例说明螺纹的主要参数，其中内螺纹各主要参数代号用大写字母表示，外螺纹各主要参数代号用小写字母表示，如图 2-9 所示。

1. 螺纹大径 D、d

与外螺纹牙顶或内螺纹牙底相切的假想圆柱面的直径，即螺纹的公称直径。

2. 螺纹小径 D_1、d_1

与外螺纹牙底或内螺纹牙顶相切的假想圆柱面的直径。

3. 螺纹中径 D_2、d_2

一个假想圆柱面的直径，该圆柱的母线通过牙型上沟槽和凸起宽度相等的地方。

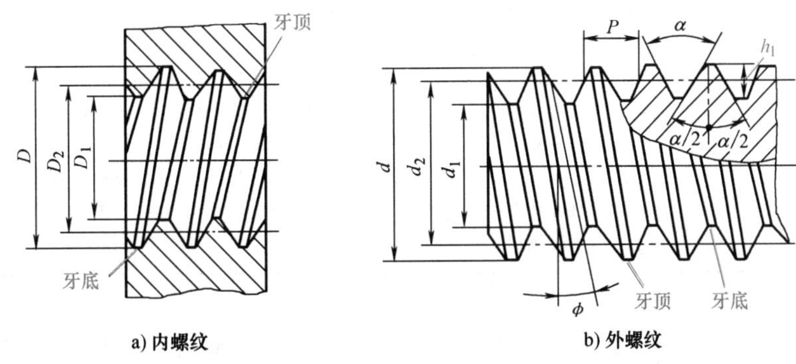

图 2-9　内、外螺纹的参数

4. 螺距 P 与导程 P_h（图 2-10）

螺距 P：相邻两牙在中径线上对应两点的轴向距离。

导程 P_h：同一条螺旋线上的相邻两牙在中径线上对应两点间的轴向距离。

螺距与导程的关系为：$P_h = zP$

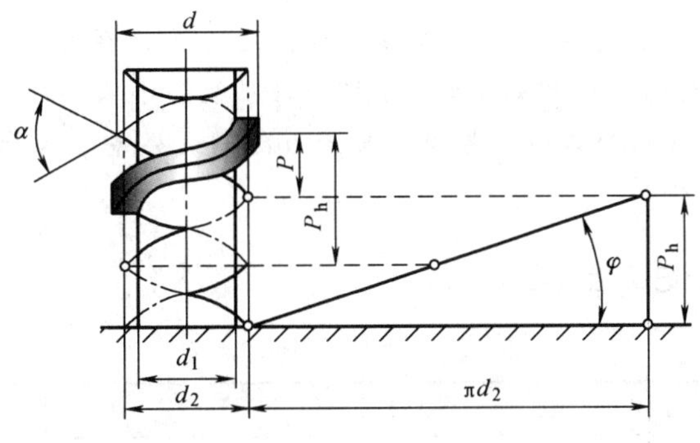

图 2-10　螺距与导程

其中 z 指螺纹件的螺旋线数目。

5. 牙型角 α

在螺纹牙型上，相邻两牙侧间的夹角，普通螺纹的牙型角 $\alpha = 60°$。

6. 螺纹升角 φ（导程角）

在中径圆柱上，螺旋线的切线与垂直于螺纹轴线平面之间的夹角。

二、螺纹的代号标记

1. 普通螺纹的代号标记（表 2-1）。

表 2-1　普通螺纹的代号标记

螺纹类别		特征代号	螺纹标注示例	内、外螺纹配合标注示例
普通螺纹	粗牙	M	[例 1] M12-7g-L-LH 解：M——粗牙普通螺纹 12——公称直径 7g——外螺纹中径和顶径公差带代号 L——长旋合长度 LH——左旋	[例 2] M12-6H/7g-LH 解：6H——内螺纹中径和顶径公差带代号 7g——外螺纹中径和顶径公差带代号

（续）

<table>
<tr><th colspan="2">螺纹类别</th><th>特征代号</th><th>螺纹标注示例</th><th>内、外螺纹配合标注示例</th></tr>
<tr><td>普通螺纹</td><td>细牙</td><td>M</td><td>[例3]M12×1-7H8H
解：M——细牙普通螺纹
12——公称直径
1——螺距
7H——内螺纹中径公差带代号
8H——内螺纹顶径公差带代号</td><td>[例4]M12×1-6H/7g8g-LH
解：6H——内螺纹中径和顶径公差带代号
7g——外螺纹中径公差带代号
8g——外螺纹顶径公差带代号</td></tr>
</table>

说明：

1）普通螺纹同一公称直径可以有多种螺距，其中螺距最大的为粗牙螺纹，其余的为细牙螺纹。细牙螺纹的每一个公称直径对应着数个螺距，因此必须标出螺距值，而粗牙螺纹不标螺距值。

2）右旋螺纹不标注旋向代号，左旋螺纹则用LH表示。

3）旋合长度有长旋合长度*L*、中等旋合长度*N*和短旋合长度*S*三种，中等旋合长度*N*不标注。旋合长度是指两个相互旋合的螺纹，沿轴线方向相互结合的长度，所对应的具体数值可根据公称直径和螺距在有关标准中查到。

4）公差带代号中，前者为中径公差带代号，后者为顶径公差带代号，两者一致时，则只标注一个公差带代号。内螺纹用大写字母，外螺纹用小写字母。

5）内、外螺纹配合的公差带代号中，前者为内螺纹公差带代号，后者为外螺纹公差带代号，中间用“/”分开。

2. 管螺纹的代号标记（表2-2）

表2-2 管螺纹的代号标记

<table>
<tr><th colspan="2">螺纹类别</th><th>特征代号</th><th>螺纹标注示例</th><th>内、外螺纹配合标注示例</th></tr>
<tr><td rowspan="4">管螺纹</td><td>55°非密封管螺纹</td><td>G</td><td>【例5】G1A-LH
解：G——55°非密封螺纹管螺纹
1——尺寸代号
A——外螺纹公差等级代号
LH——左旋</td><td>[例6]
G1/G1A-LH</td></tr>
<tr><td rowspan="3">55°密封管螺纹</td><td>Rc</td><td>【例7】Rc2-LH
解：Rc——圆锥内螺纹
2——尺寸代号
LH——左旋</td><td rowspan="3">【例10】Rp2/$R_1$2 LH
Rc2/$R_2$2</td></tr>
<tr><td>Rp</td><td>【例8】Rp2
解：Rp——圆柱内螺纹
2——尺寸代号</td></tr>
<tr><td>R_1、R_2</td><td>【例9】$R_1$2 LH　$R_2$2 LH
解：R_1——圆锥外螺纹（与圆柱内螺纹配合）
R_2——圆锥外螺纹（与圆锥内螺纹配合）
2——尺寸代号
LH——左旋</td></tr>
</table>

说明：

1）管螺纹尺寸代号不再称作公称直径，也不是螺纹本身的任何直径尺寸，只是一个无单位的代号。

2）管螺纹为寸制细牙螺纹，其公称直径近似为管子的内孔直径，以英寸为单位。管螺纹的内孔直径可根据尺寸代号在有关标准中查到。

3）右旋螺纹不标注旋向代号，左旋螺纹则用 LH 表示。

4）非螺纹密封管螺纹的外螺纹的公差等级有 AB 两级，A 级精度较高；内螺纹的公差等级只有一个，故无公差等级代号。

5）内、外螺纹配合在一起时，内外螺纹的标注用“/”分开，前者为内螺纹的标注，后者为外螺纹的标注。

3. 梯形螺纹的代号标记（表 2-3）

表 2-3　梯形螺纹的代号标记

螺纹类别	特征代号	螺纹标注示例	内、外螺纹配合标注示例
梯形螺纹	Tr	【例 11】Tr24×10(P5)LH-7H Tr——梯形螺纹 24——公称直径 10——导程 P5——螺距 LH——左旋 7H——中径公差带代号	【例 12】Tr24×5LH-7H/7c 7H——内螺纹公差带代号 7c——外螺纹公差带代号

说明：

1）单线螺纹只标注螺距，多线螺纹同时标注螺距和导程。

2）右旋螺纹不标注旋向代号，左旋螺纹则用 LH 表示。旋合长度有长旋合长度 L 和中等旋合长度 N 两种，中等旋合长度 N 不标注。旋合长度的具体数值可根据公称直径和螺距在有关标准中查到。

3）公差带代号中，螺纹只标注中径公差带代号。内螺纹用大写字母，外螺纹用小写字母。

4）内、外螺纹配合的公差带代号中，前者为内螺纹公差带代号，后者为外螺纹公差带代号，中间用“/”分开。

第三节　螺旋传动的应用形式

【学习目标】

1. 了解螺旋传动的特点。
2. 掌握普通螺旋传动的应用形式及其移动距离的计算和方向的确定方法。
3. 了解差动螺旋传动及应用特点。
4. 掌握差动螺旋传动移动距离的计算和方向的确定方法。
5. 了解滚珠螺旋传动的应用特点。

【知识导入】

螺旋传动广泛应用于各种机械设备上，如起重设备、精密仪表、维修设备等。它的运动形式有多种，应用于不同的场合，如图 2-11 所示千分尺的使用中，可以发现旋转微分筒和测力装置，测量杆的移动速度是不一样的，为什么呢？下面就一起学习本节内容。

图 2-11 所示的千分尺是利用螺旋传动测量工件的。旋转微分筒，测微螺杆左右移动，固定测砧与测微螺杆接合或分开，从而测量工件。

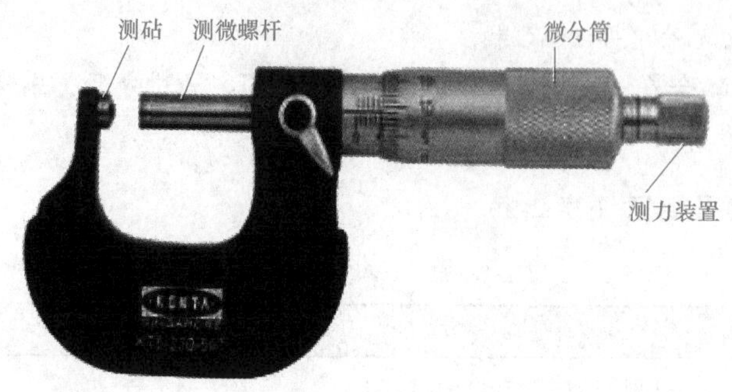

图 2-11　千分尺

【学习内容】

一、螺旋传动及特点

螺旋传动由螺杆、螺母和机架组成（图 2-12），其主要作用是将回转运动变为直线运动，同时传递运动动力。

螺旋传动具有结构简单，工作连续平稳，传动比大，承载能力强，传动运动准确，容易实现自锁等特点，是机械设备和仪器仪表中广泛应用的一种机械传动。

螺旋传动分为普通螺旋传动、差动螺旋传动和滚珠螺旋传动三种。

图 2-12　螺旋传动的组成

二、普通螺旋传动

1. 普通螺旋传动的应用形式

普通螺旋传动的应用形式及工作过程见表 2-4。

表 2-4　普通螺旋传动的应用形式及工作过程

应用形式	应用实例	工作过程
螺母固定不动，螺杆回转并作直线运动	活动钳口 固定钳口 螺杆 螺母 台虎钳	当螺杆按图示方向相对螺母作回转运动时，螺杆连同活动钳口向右作直线运动，与固定钳口实现对工件的夹紧；当螺杆反向回转时，活动钳口随螺杆左移，松开工件

（续）

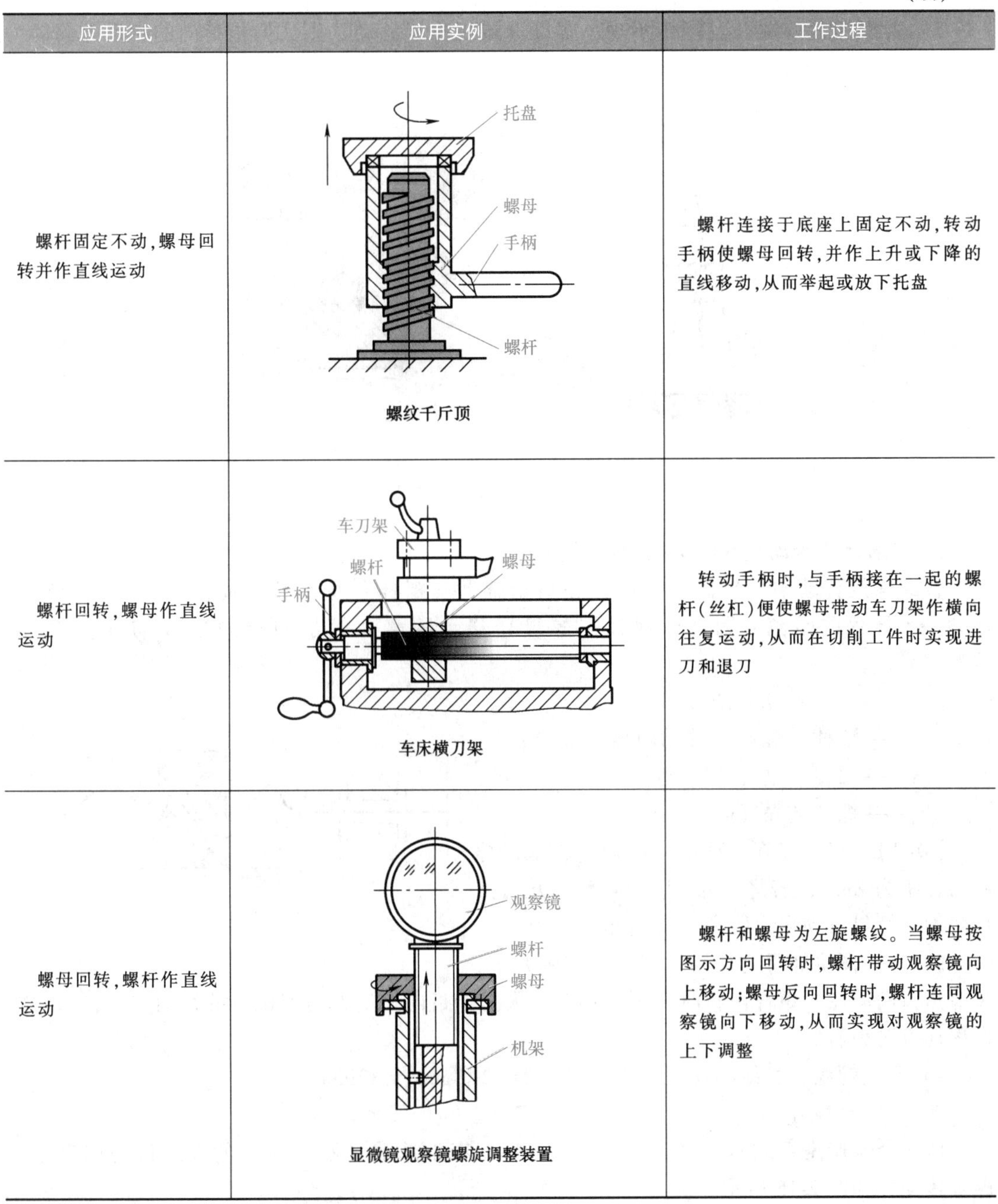

应用形式	应用实例	工作过程
螺杆固定不动，螺母回转并作直线运动	螺纹千斤顶	螺杆连接于底座上固定不动，转动手柄使螺母回转，并作上升或下降的直线移动，从而举起或放下托盘
螺杆回转，螺母作直线运动	车床横刀架	转动手柄时，与手柄接在一起的螺杆（丝杠）便使螺母带动车刀架作横向往复运动，从而在切削工件时实现进刀和退刀
螺母回转，螺杆作直线运动	显微镜观察镜螺旋调整装置	螺杆和螺母为左旋螺纹。当螺母按图示方向回转时，螺杆带动观察镜向上移动；螺母反向回转时，螺杆连同观察镜向下移动，从而实现对观察镜的上下调整

普通螺旋传动常用的螺纹有矩形螺纹、梯形螺纹和锯齿形螺纹，其中梯形螺纹齿根强度较高，磨损后间隙容易修复，因此应用广泛。

2. 普通螺旋传动直线移动方向的判定

普通螺旋传动时，从动件直线移动的方向不仅与螺纹的回转方向有关，还与螺纹的旋向有关。正确判定螺杆或螺母的移动方向十分重要，具体判定方法如下：

1）右螺旋用右手，左螺旋用左手。手握空拳，四指指向与螺杆（或螺母）回转方向相同，大拇指竖直。

2）若螺杆（或螺母）回转移动，螺母（或螺杆）不动，则大拇指指向即为螺杆（或螺母）的移动方向（图 2-13a）。

3）若螺杆（或螺母）回转不动，螺母（或螺杆）移动，则大拇指指向的相反方向即为螺母（或螺杆）的移动方向（图 2-13b）。

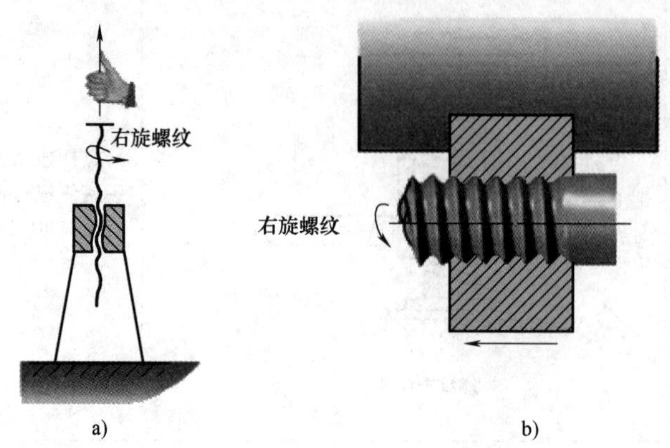

图 2-13　直线运动方向的判定

3. 普通螺旋传动直线移动距离的计算

普通螺旋传动中，螺杆（螺母）相对于螺母（螺杆）每回转一周，螺杆（螺母）就移动一个导程的距离。因此，螺杆（螺母）移动距离 L 等于回转周数 N 与导程 P_h 的乘积。

$$L = NP_h$$

式中　L——螺杆（螺母）移动距离（mm）；

N——回转周数（r）；

P_h——螺纹导程（mm）。

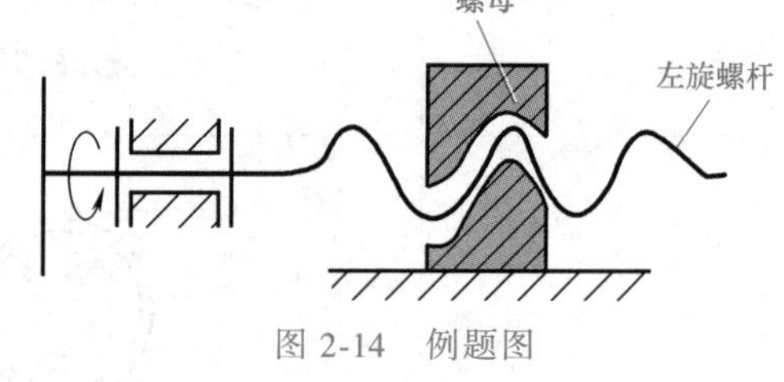

图 2-14　例题图

【例 1】 普通螺旋传动中，已知左旋双线螺杆的螺距为 8mm，若螺杆按图 2-14 所示方向回转两周，螺母移动多少距离？方向如何？

解： 1）图中螺母为左旋，用左手定则判定，大拇指指向向左。螺杆回转时，螺母移动，大拇指指向相反方向即螺母的移动方向，因此螺母移动方向为右。

2）双线螺纹，直线移动距离 $L = NP_h = 2\times(2\times8\text{mm}) = 32\text{mm}$。

三、差动螺旋传动

由两个螺旋副组成的、使活动的螺母与螺杆产生差动（不一致）的螺旋传动称为差动螺旋传动，如图 2-15 所示。

在判定差动螺旋传动中活动螺母的移动方向时，应先确定螺杆的移动方向。差动螺旋传动活动螺母移动距离的计算及方向的采用下式表示。

$$L = N(P_{h1} \pm P_{h2})$$

式中　L——活动螺母的实际移动距离（mm）；

N——螺杆的回转圈数；

P_{h1}——机架上固定螺母的导程（mm）；

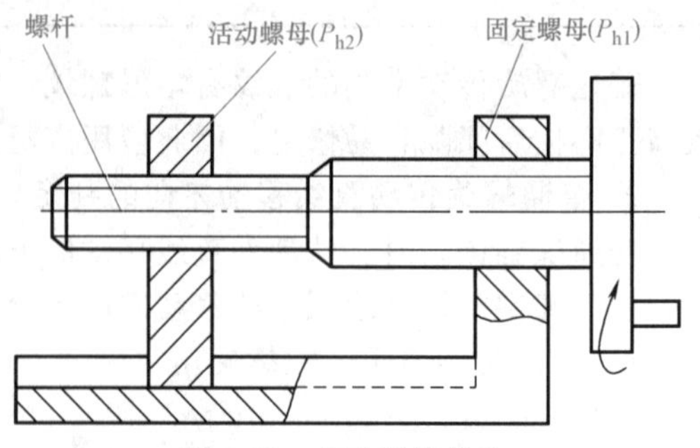

图 2-15　差动螺旋传动

P_{h2}——活动螺母的导程（mm）。

说明： 当两螺纹旋向相反时，公式中用“+”号；当两螺纹旋向相同时，公式中用“-”号。计算结果为正值时，活动螺母实际移动方向与螺杆移动方向相同；计算结果为负值时，活动螺母实际移动方向与螺杆移动方向相反。

【例 2】 微调螺旋传动如图 2-16 所示，通过螺杆的转动，可使被调螺母产生左、右微量调节。设螺旋副 A 的导程 P_{hA} 为 1.5mm，右旋；设螺旋副 B 的导程 P_{hB} 为 1mm，右旋。当螺杆回转 2 圈时，活动螺母的移动距离是多少？移动方向如何？

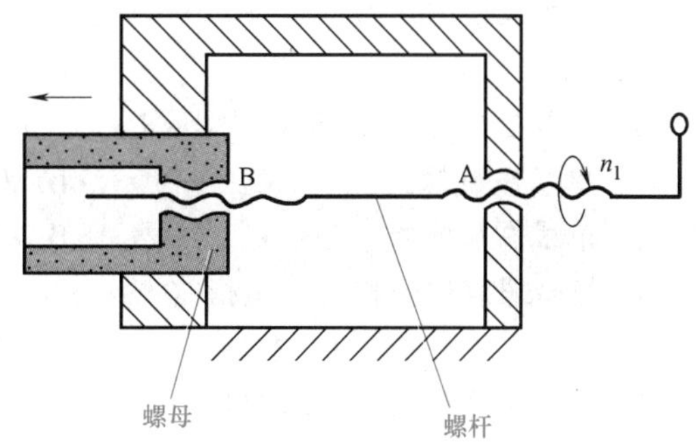

图 2-16 微调螺旋传动

解： 1）螺纹为右旋，用右手定则判定螺杆向左移动。

2）因为两螺纹旋向相同，活动螺母移动距离为

$$L=N(P_{h1}-P_{h2})=2\times(1.5-1)\text{mm}=1\text{mm}$$

3）计算结果为正值，活动螺母移动方向与螺杆移动方向相同，即向左移动了 1mm。

四、滚珠螺旋传动

1. 滚珠螺旋传动的结构组成

在普通螺旋传动中，由于螺杆与螺母牙侧表面之间的相对摩擦运动是滑动摩擦，因此，传动阻力大，摩擦损失严重，效率低。为了改善螺旋传动的功能，经常采用滚珠螺旋传动技术，用滚动摩擦来代替滑动摩擦。

滚珠螺旋传动主要由滚珠、螺杆、螺母及滚珠循环装置组成，如图 2-17 所示。当螺杆或螺母转动时，滚动体在螺杆与螺母间的螺纹滚道内滚动，使螺杆和螺母间为滚动摩擦，从而提高传动效率和传动精度。

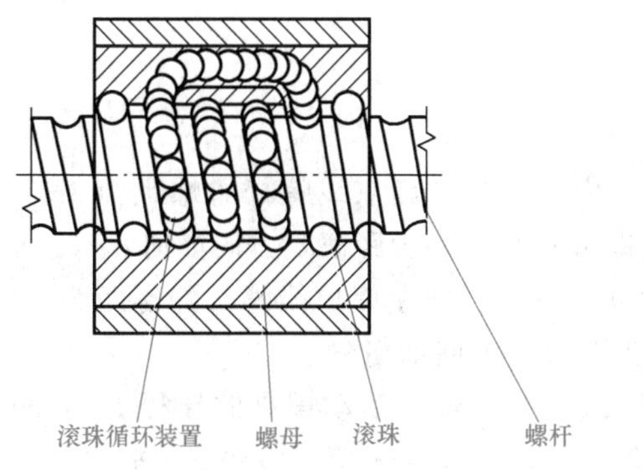

图 2-17 滚珠螺旋传动

2. 滚珠螺旋传动的应用特点

滚珠螺旋传动具有滚动摩擦阻力小、摩擦损失小、传动效率高、传动时运动稳定、动作灵敏等优点。但其结构复杂，外形尺寸较大，制造技术要求高，因此成本也较高。目前，滚珠螺旋传动主要应用于精密传动的数控机床（滚珠丝杠传动），以及自动控制装置、升降机

构、精密测量仪器、车辆转向机构等对传动精度要求较高的场合。

【本章习题】

一、选择题

1. 普通螺纹的牙型为（　）。

A. 三角形　　B. 梯形　　C. 矩形　　D. 正方形

2. 普通螺纹的牙型角是（　）。

A. 60°　　B. 55°　　C. 45°　　D. 50°

3. 如图 2-18 所示，表示的螺纹是（　）。

A. 单线左旋螺纹　　B. 双线左旋螺纹

C. 单线右旋螺纹　　D. 双线右旋螺纹

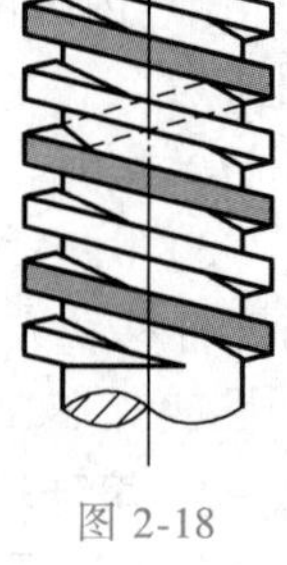

图 2-18
习题 3 图

4. 普通螺纹的公称直径是指（　）。

A. 大径　　B. 中径　　C. 小径　　D. 顶径

5. 下列连接螺纹常使用的是（　）。

A. 三角形螺纹　　B. 梯形螺纹　　C. 矩形螺纹　　D. 锯齿形螺纹

6. 单向受力的螺旋传动机构广泛采用（　）。

A. 三角形螺纹　　B. 梯形螺纹　　C. 矩形螺纹　　D. 锯齿形螺纹

7. 下列各标记中表示细牙普通螺纹的是（　）。

A. M24-5H-20　　B. M36×2-5g6g

C. Tr40×7-7H　　D. Tr40×7-7e

二、解释下列标记的含义

1. M12×1-7H8H
2. M18-6H/7g-LH
3. M12×1-6H/7g8g-LH
4. G1B-LH
5. G1/G1B-LH
6. Tr24×10（P5）LH-7H
7. Tr24×5LH-7H/7c

三、计算题

1. 车床横刀架螺旋传动（表 2-4）中，已知右旋双线螺杆的螺距为 3mm，若手柄（螺杆）按顺时针方向回转三周，刀架（螺母）移动多少距离？方向如何？

2. 显微镜观察镜螺旋传动（表 2-4）中，已知左旋单线螺母的螺距为 1mm；若螺母按图示方向回转两周，则观察镜移动多少距离？方向如何？

3. 在图 2-15 中，固定螺母的导程 $P_{h1}=1.5$mm，活动螺母的导程 $P_{h2}=2$mm，螺纹均为左旋。当螺杆回转 0.5 圈时，活动螺母的移动距离是多少？移动方向如何？

四、简答题

1. 简述螺纹的种类及其应用。
2. 简述普通螺纹的主要参数。
3. 简述螺旋传动的特点及应用形式。
4. 简述差动螺旋传动的组成与应用。
5. 简述滚珠螺旋传动的特点及应用。

第三章　链　传　动

在日常生活中常见的摩托车（图 3-1a）、自行车（图 3-1b）中，都采用了链传动。除此之外，在起重运输机械、农业机械、汽车中等也经常采用链传动，如图 3-1c 所示起重机械、图 3-1d 所示汽车发动机配气机构。

a) 摩托车

b) 自行车

c) 起重机械

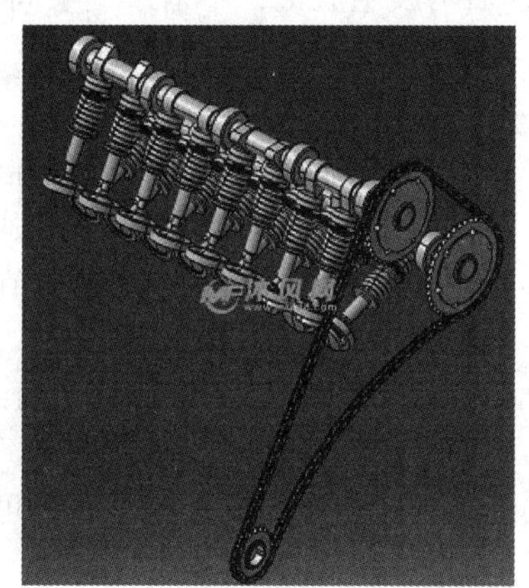

d) 汽车发动机配气机构

图 3-1　链传动的应用

第一节　链传动概述

【学习目标】

了解链传动的组成及应用特点。

【知识导入】

链传动是人们日常生活中非常熟悉的一种传动形式，自行车的链传动中，链将自行车轮盘的动力传递给后轮，使后轮旋转，推动自行车行驶。本节将一起学习链传动的相关知识。

【学习内容】

一、链传动的组成、工作原理及特点

1. 链传动的组成

链传动由主动链轮、从动链轮和一条闭合的链条组成，如图 3-2 所示。

2. 链传动的工作原理

链传动是以链条作为中间挠性件，通过链条与链轮齿间的不断啮合和脱开而传递运动和动力的，它属于啮合传动，兼有齿轮传动和带传动的特点。

图 3-2 链传动

3. 链传动的应用特点

1）链传动的链节是多边形运动，所以瞬时传动比是变化的，无弹性滑动和打滑现象，能得到准确的平均传动比。

2）张紧力小，故对轴的压力小。

3）传动效率高，可达 98%。

4）能在低速、重载和高温、油污、潮湿等恶劣环境下工作。

5）磨损后易发生脱链，不适于受空间限制要求中心距小及急速反向传动的场合，可用于中心距较大的场合。

二、链传动的传动比

在链传动中，两链轮间的运动关系是借助链条而实现的齿对齿的传动。当主动轮转过一个齿时，链条就移动一个链节，从而带动从动链轮也转过一个齿。链传动的传动比就是主动链轮的转速 n_1 与从动链轮的转速 n_2 的比值，也等于两链轮齿数 z_1 和 z_2 的反比，即

$$i=\frac{n_1}{n_2}=\frac{z_2}{z_1}$$

由上式可见转速与齿数成反比，所以可通过链轮齿数的变化来控制链速。链传动的传动比 $i \leqslant 8$。

自行车采用的链传动均是主动链轮尺寸大，从动链轮尺寸小，根据转速与齿数成反比，正好可以实现增速传动。

第二节　链传动的类型

【学习目标】

1. 掌握链的类型及标记方法。
2. 熟悉链传动的使用与维护。

【知识导入】

链传动应用范围广泛，链的类型也多种多样，不同的应用场合使用不同类型的链传动。下面一起来学习本节内容。

【学习内容】

一、链传动的基本类型、特点及应用

链传动的基本类型、特点及应用见表 3-1。

表 3-1　链传动的基本类型、特点及应用

传动类型	图　例	应用	工作速度 v/（m/s）	特点
传动链		用于一般机械中传递运动和动力	≤15	无滑动，平均传动比准确，张紧力小，对轴的载荷小；传动效率高；在同等条件下比其他传动结构紧凑，且能在恶劣环境下工作。制造安装精度低，中心距较大，有冲击和噪声，不适用于载荷变化大和急速反转场合
起重链		主要用于起重机械中提起重物	≤0.25	
牵引链		主要用于链式输送机中移动重物	≤4	

其中传动链主要有滚子链和齿形链两种，本节主要介绍滚子链。

二、滚子链

1. 滚子链的结构

滚子链条由内链板、外链板、销轴、套筒和滚子等组成，如图 3-3 所示。

外链板固定在销轴上，内链板固定在套筒上，滚子与套筒间和套筒与销轴间均可相对转动，因而链条与链轮的啮合主要为滚动摩擦。

2. 滚子链的分类

滚子链分单排使用和多排并用，多排并用可传递较大功率，见表 3-2。

3. 滚子链的主参数

（1）节距 p　两相邻链节铰链副理论中心间的距离叫节距。链的节距越大，链的各组件尺寸越大，链传动功率越大。但节距越大，由链条速度变化和链节啮入链轮产生的冲击所引起的动载荷越大。设计时应尽可能选用小节距的链，重载时选取小节距多排链的实际效果往往比选取大节距单排链的效果更好。

图 3-3　滚子链的结构

表 3-2　单排链与多排链的结构示意图

类型	单排链	双排链
实物		
示意图	p	p　p_t

（2）整链链节数 L_p　整条链的链节数，用 L_p 表示。多排链按单排链计算。

（3）整链总长 l　整链总长 l 为链节数 L_p 与节数 p 的乘积，即 $l=L_pp$。

（4）排距 p_t　双排链或多排链中，相邻两排链条中间平面间的距离。

4. 滚子链的型号

滚子链已标准化，分为 A、B 两个系列，其中 A 系列供设计用，B 系列供维修用，常用的是 A 系列。链的型号由链号数+系列代号 A 或 B 表示。

链号—排数×整链链节数—标准编号

【例 1】 链的标记：

08B-2×80　GB/T 1243—2006

标记含义：表示链号为 08B、排数为 2 排、链节数为 80 节的套筒滚子链。

三、齿形链

图 3-4　齿形链

齿形链是利用特定齿形的链片和链轮相啮合来实现传动的，如图 3-4 所示。齿形链传动平稳，噪声很小，故又称无声链传动。齿形链允许的工作速度可达 40m/s，但制造成本高，重量大，故多用于高速或运动精度要求较高的场合。

GB/T 10855—2016 对传动用齿形链的基本参数和尺寸作了规定，共有 8 个链号，56 种规格。表 3-3 列出了齿形链各链号及节距。

表 3-3　传动用齿形链的链号与节距

链号	SC3	SC4	SC5	SC6	SC8	SC10	SC12	SC16
节距 p /mm	9.525	12.70	15.875	19.05	25.40	31.75	38.10	50.80

【例 2】　按 GB/T 10855—2016 制造的齿形链标记：

SC4-22.5W×60　GB/T 10855—2016

标记含义：链号 SC4，链宽 22.5mm，导向形式为外导式（N 为内导、W 为外导），链节数为 60 的齿形链。

四、链传动的布置与张紧

1. 链传动的布置（表 3-4）

表 3-4　链传动的布置

正确布置	不正确布置	说　明
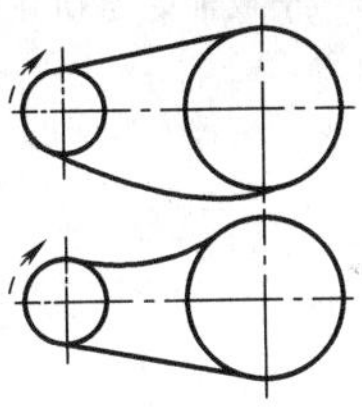	—	两轮轴线在同一水平面，紧边在上、下均不影响工作
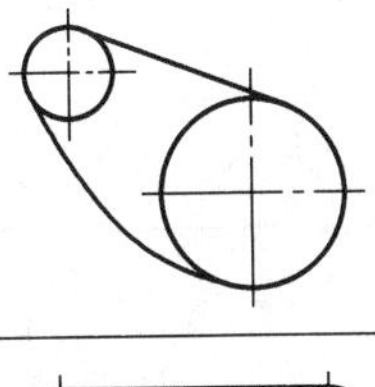	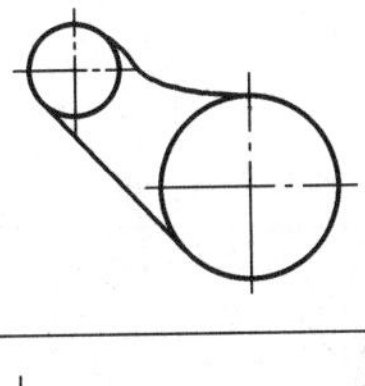	两轮轴线不在同一水平面，松边应在下面，否则松边下垂量增大后，链条易与链轮卡死
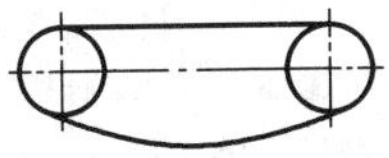		两轮轴线在同一水平面，松边应在下面，否则下垂量增大后，松边会与紧边相碰，需经常调整中心距
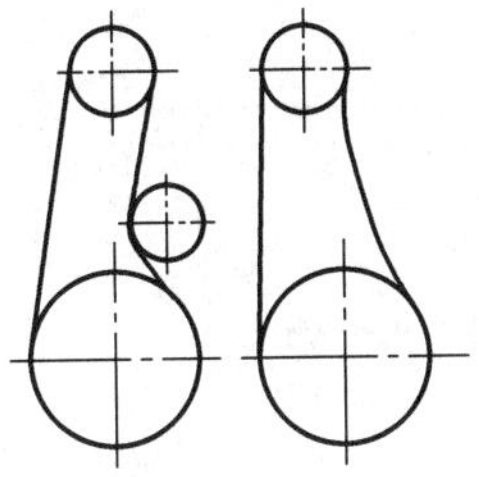	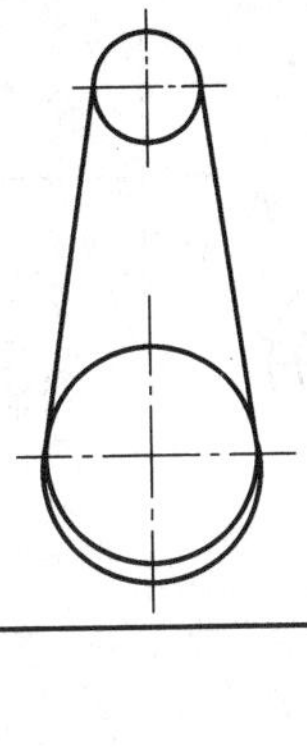	两轮轴线在同一铅垂面内，下垂量增大，会减少下链轮有效啮合轮数，降低传动能力，为此应采用： 1）中心距可调 2）张紧装置 3）上下两轮错开，使其不在同一铅垂直面内

2. 链传动的张紧

链传动需适当张紧，以免垂度过大而引起啮合不良。一般情况下链传动设计成中心距可调整的形式，通过调整中心距来张紧链轮；也可采用图 3-5 所示的张紧轮张紧，张紧轮应设在松边。

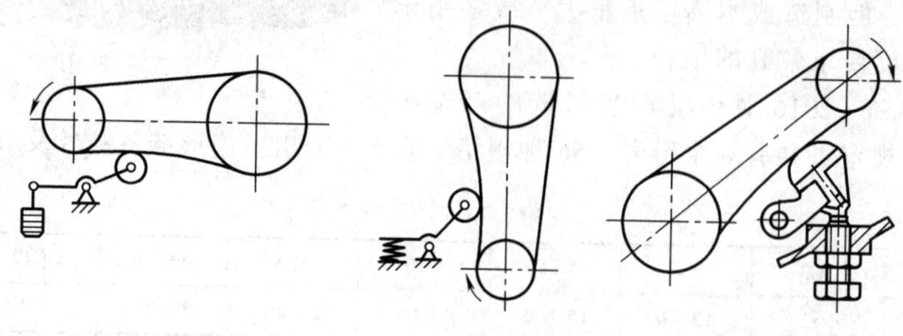

a) 靠挂重自动张紧　b) 靠弹簧自动张紧　c) 靠螺栓调节托板张紧

图 3-5　链传动的张紧轮张紧

3. 链传动的润滑

链传动的润滑方式、方法见表 3-5。

表 3-5　链传动的润滑方式、方法

润滑方式	图例	润滑方法
人工给油		每班注油一次，用刷子或油壶定期在链条松边内外链板间隙注油
油杯滴油		单排链，每分钟供油 5～20 滴，速度高时取大值，用油杯滴油
油浴润滑		链条浸入油面过深，搅油损失大，油易发热变质，一般浸油深度为 6～12mm
飞溅给油	甩油环	甩油盘浸油深度为 12～35mm

（续）

润滑方式	图例	润 滑 方 法
压力供油		每个喷油口供油量可根据链条节距及链速大小查阅有关手册

【本章习题】

1. 简述链传动的组成及传动比的概念。
2. 简述链传动的布置方式及张紧的目的。
3. 链传动的类型有哪些？
4. 链传动的主要失效形式有哪些？

第四章 齿轮传动

齿轮传动是近代机器中传递运动和动力的最主要的形式之一。日常生活中，手表、电梯、电风扇等，都离不开齿轮传动。除此之外，在机械设备中许多金属切削机床、工程机械、冶金机械，以及人们常见的汽车、飞机中都离不开齿轮传动，如图 4-1 所示。

a) 汽车变速器　b) 减速器　c) 手表　d) 机床中的齿条机构

图 4-1　齿轮传动的应用

第一节　齿轮传动概述

【学习目标】

1. 了解齿轮传动的类型和应用特点。
2. 掌握渐开线直齿圆柱齿轮的主要参数。

【知识导入】

图 4-2 所示的减速器中，动力从轴 1 输入，经过齿轮传动，最终从轴 2 将动力输出。观察并思考，图示齿轮传动的路线是什么？工作时，轴 1 和轴 2 的转速比有怎样的关系呢？这对齿轮的主动齿轮齿数 $z_1=20$，从动齿轮的齿数 $z_2=50$，主动齿轮转速 $n_1=1000\mathrm{r/min}$，试计算传动比 i 和从动齿轮转速 n_2。

图 4-2 单级直齿圆柱齿轮减速器

【学习内容】

一、齿轮传动的类型及应用特点

1. 齿轮传动的类型

齿轮传动是利用齿轮副来传递运动和（或）动力的一种机械传动。齿轮传动的类型很多，根据齿轮传动轴线的相对位置，可将齿轮传动分为两类，即平面齿轮传动（两轴平行）与空间齿轮传动（两轴不平行），见表 4-1。

表 4-1 齿轮传动的分类及应用

分类		图例		应用
平面齿轮传动	按齿轮形状分	直齿圆柱齿轮		标准直齿圆柱齿轮模数≥1mm，压力角 $\alpha=20°$，受力方向是径向，例如直齿轮减速器、车床传动齿轮等
		斜齿圆柱齿轮		斜齿圆柱齿轮传动比直齿圆柱齿轮传动的重合度大，承载能力更强，传动更平稳。与直齿圆柱齿轮相比，更适合于高速、重载的重要传动
		人字齿圆柱齿轮		人字齿轮具有承载能力高、传动平稳和轴承载荷小等一系列优点，在重型机械的传动系统中广泛应用

（续）

分类		图 例		应 用
平面齿轮传动	按啮合形式分	外啮合		由两个外齿轮相啮合，两轮的转向相反，多用于外啮合齿轮泵、车床各级轴之间的传动等
		内啮合		由一个内齿轮和一个小的外齿轮相啮合，两轮的转向相同，多用于需要同向转动的两轴之间的连接，例如内啮合齿轮泵等
		齿轮齿条		齿条也分直齿齿条和斜齿齿条，分别与直齿圆柱齿轮和斜齿圆柱齿轮配对使用，例如齿条齿轮千斤顶、齿轮齿条钻机、齿轮齿条活塞执行机构等
空间齿轮传动	锥齿轮			锥齿轮传动机构是用来传递空间两相交轴之间运动和动力的一种齿轮机构，其轮齿分布在截圆锥体上，齿形从大端到小端逐渐变小
	准双曲面齿轮			准双曲面齿轮外形极似曲线齿锥齿轮，与普通锥齿轮相比，其重合度大、传动平稳、冲击和噪声小，在汽车主减速器中得到广泛的应用，可起到降低汽车重心的作用，具有承载能力高和寿命长等优点
	交错轴斜齿轮			交错轴斜齿轮因可以传递既不平行又不相交的两轴之间的运动和动力而被广泛应用，如交错轴齿轮减速器等

2. 齿轮传动的传动比

在一对齿轮传动中，主动齿轮每转过一个齿，从动齿轮也转过一个齿，单位时间内主动齿轮与从动齿轮转过的齿数应相等。即 $n_1z_1=n_2z_2$，由此可得一对齿轮传动比的表达式为

$$i_{12}=\frac{n_1}{n_2}=\frac{z_2}{z_1}$$

式中　n_1——主动齿轮的转速（r/min）；

n_2——从动齿轮的转速（r/min）；

z_1——主动齿轮的齿数；

z_2——从动齿轮的齿数。

一对齿轮的传动比不宜过大，否则会使结构尺寸过大，不利于制造和安装。通常一对圆柱齿轮的传动比 i_{12} 为 5~8，一对锥齿轮的传动比 i_{12} 为 3~5。

3. 齿轮传动的特点

齿轮传动是目前机械中应用最为广泛的一种机械传动方式，与其他传动相比，齿轮传动具有以下特点。

优点：

1）能保证瞬时传动比的恒定，平稳性较高，传递运动准确可靠。

2）传递功率、速度范围较大。

3）结构紧凑、工作可靠。

4）传动效率高，使用寿命长。

缺点：

1）工作中有振动、冲击、噪声。

2）不能实现无级变速。

3）齿轮安装要求较高。

二、渐开线标准直齿圆柱齿轮基本参数

1. 渐开线齿廓的形成

如图 4-3 所示，在平面上，一条动直线 AB 沿着一个固定的圆（基圆半径为 r_b）作纯滚动，此动直线 AB 上任意一点 K 的运动轨迹 CK 称为该圆的渐开线。与动直线作纯滚动的圆称为基圆。r_b 为基圆半径，直线 AB 称为发生线。

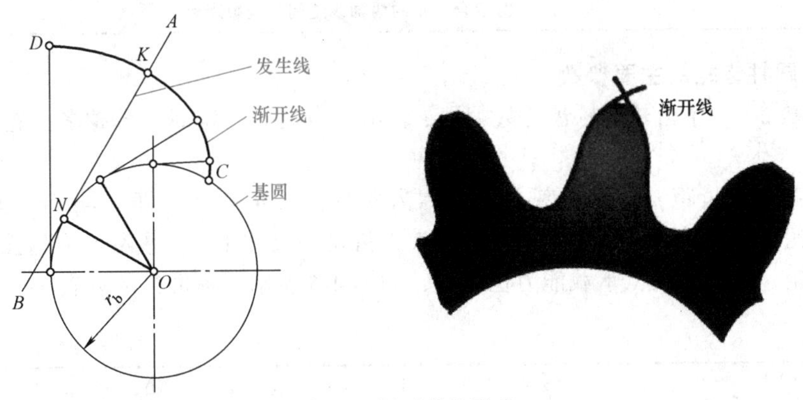

图 4-3　渐开线的形成

以渐开线为齿廓曲线的齿轮称为渐开线齿轮，以同一基圆的两条相反（对称）的渐开线组成齿廓的齿轮称为渐开线齿轮。

2. 直齿圆柱齿轮几何要素的名称和代号

图 4-4 为直齿圆柱齿轮的一部分，其主要几何尺寸要素见表 4-2。

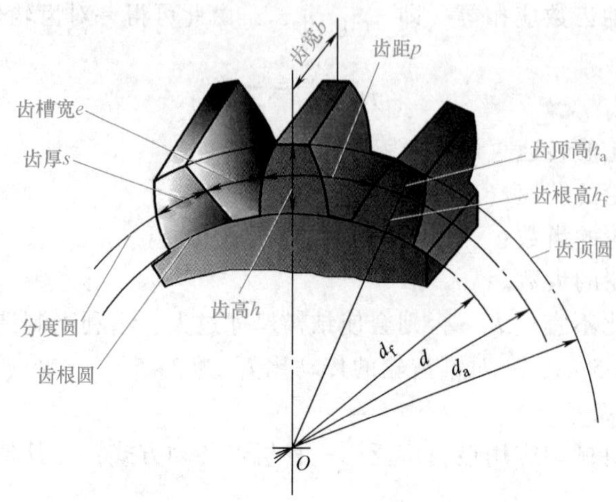

图 4-4　渐开线直齿圆柱齿轮的几何要素

表 4-2　标准直齿圆柱齿轮各部分名称

名称	代号	定　义
端平面		在圆柱齿轮上,垂直于齿轮轴线的表面
齿顶圆直径	d_a	齿顶圆柱面与端平面的交线
齿根圆直径	d_f	齿根圆柱面与端平面的交线
分度圆直径	d	分度圆柱面与端平面的交线
齿厚	s	在端平面上,一个齿的两侧端面齿廓之间的分度圆弧长
齿槽宽	e	在端平面上,一个齿槽的两侧齿廓之间的分度圆弧长
齿距	p	两个相邻而同侧的端面齿廓之间的分度圆弧长
齿顶高	h_a	齿顶圆与分度圆之间的径向距离
齿根高	h_f	齿根圆与分度圆之间的径向距离
齿高	h	齿顶圆与齿根圆之间的径向距离
齿宽	b	齿轮的有齿部位沿分度圆柱面的直母线方向量度的宽度
中心距	a	一对啮合齿轮的两轴线之间的最短距离

3. 直齿圆柱齿轮的主要参数

（1）齿数 z　一个齿轮的轮齿总数，用 z 表示，当模数一定时齿数越多齿轮的几何尺寸越大。

（2）模数 m　齿距 p 与圆周率 π 的商称为模数，用 m 表示，即 $m=p/\pi$，单位为 mm。模数是齿数的基本参数，齿数相等，模数越大，齿轮的尺寸越大，承载能力越强。分度圆直径相等的齿轮，模数越大，承载能力也越强，如图 4-5 所示，标准模数见表 4-3。

表 4-3　标准模数系列　（单位：mm）

第一系列	1　1.25　1.5　2　2.5　3　4　5　6　8　10　12　16　20　25　32　40　50
第二系列	1.125　1.375　1.75　2.25　2.75　3.5　4.5　5.5　(6.5)　7　9　11　14　18　22　28　35　45

注：1. 本表适用于渐开线圆柱齿轮，对斜齿轮则是指法向模数。

2. 选用模数时，应优先采用第一系列。

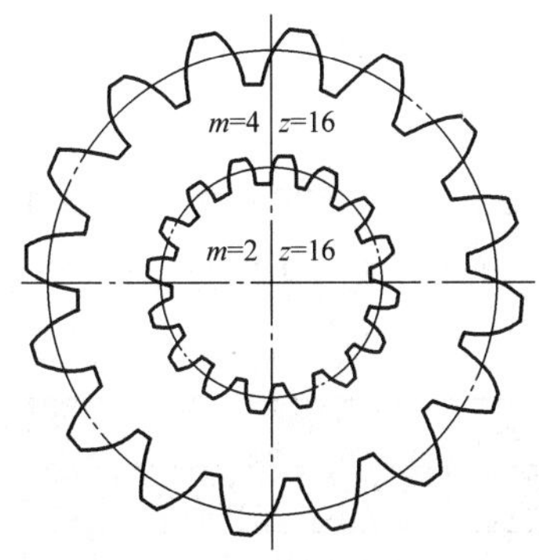

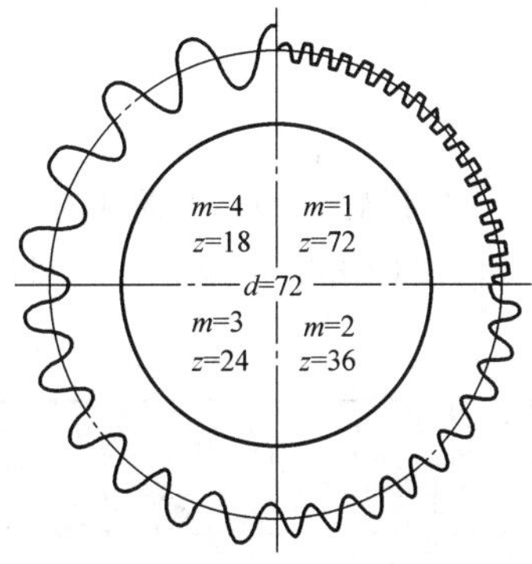

图 4-5　模数大小和齿轮齿数的比较

（3）压力角 α　压力角是齿轮在端平面上过端面齿廓上任意一点 K 处的径向直线与齿廓在该点处的切线所夹得锐角，也就是在齿轮传动中，齿廓曲线和分度圆交点处的速度方向与该点的法线方向（即力的作用线方向）所夹的锐角称为分度圆压力角，用 α 表示（图 4-6）。渐开线圆柱齿轮分度圆上的压力角 α_K 的大小，可用下式表示

$$\cos\alpha_K = \frac{r_b}{r}$$

式中　α_K——分度圆的压力角。

r_b——基圆半径（mm）。

r——分度圆半径（mm）。

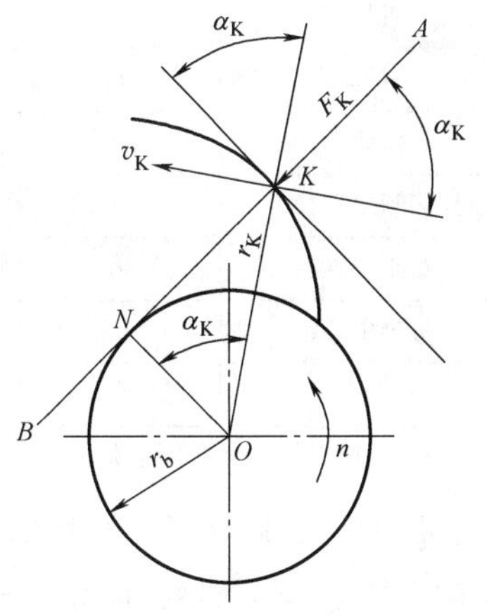

图 4-6　齿轮轮齿的分度圆压力角

分度圆上压力角的大小对齿轮的形状有影响。如图 4-6 所示，当分度圆半径 r 不变时，压力角减小，基圆半径 r_b 增大，轮齿的齿顶变宽，齿根变薄，承载能力降低；压力角增大，基圆半径 r_b 减小，轮齿的齿顶变尖，齿根变厚，其承载能力增大，但传动较费力。我国标准规定渐开线圆柱齿轮分度圆上的压力角 $\alpha = 20°$。

（4）齿顶高系数 h_a^*　齿顶高与模数之比值称为齿顶高系数，用 h_a^* 表示，即 $h_a = h_a^* m$，标准规定标准齿轮 $h_a^* = 1$。

（5）顶隙系数 c^*　当一对齿轮啮合时，为使一个齿轮的齿顶不与另一个齿轮槽底面相抵触，轮齿的齿根高应大于齿顶高，即应留有一定的径向间隙，称为顶隙，用 c 表示。顶隙还可以贮存润滑油，有利于齿面的润滑。顶隙与模数之比值称为顶隙系数，用 c^* 表示，$c = c^* m$。国家标准规定，标准齿轮 $c^* = 0.25$。

第二节　标准直齿圆柱齿轮传动

【学习目标】

1. 掌握渐开线直齿圆柱齿轮的几何尺寸计算方法。
2. 掌握直齿圆柱齿轮正确啮合的条件。

【学习内容】

一、标准直齿圆柱齿轮几何尺寸的计算

标准直齿圆柱齿轮是指采用标准模数 m，压力角 $\alpha=20°$，齿顶高系数 $h_a^*=1$，顶隙系数 $c^*=0.25$ 的直齿圆柱齿轮。标准直齿圆柱齿轮的几何尺寸按表 4-4 进行计算。

表 4-4　标准直齿圆柱齿轮几何尺寸计算

名称	代号	计算公式	
		外齿轮	内齿轮
压力角	α	标准齿轮为 20°	
齿数	z	通过传动比计算确定	
模数	m	通过计算或结构设计确定	
齿厚	s	$s=p/2=\pi m/2$	
槽宽	e	$e=p/2=\pi m/2$	
齿距	p	$p=\pi m$	
基圆齿距	p_b	$p_b=p\cos\alpha=\pi m\cos\alpha$	
齿顶高	h_a	$h_a=h_a^* m=m$	
齿根高	h_f	$h_f=(h_a^*+c^*)m=1.25m$	
齿高	h	$h=h_a+h_f=2.25m$	
分度圆直径	d	$d=mz$	
齿顶圆直径	d_a	$d_a=d+2h_a=m(z+2)$	$d_a=d-2h_a=m(z-2)$
齿根圆直径	d_f	$d_f=d-h_f=m(z-2.5)$	$d_f=d+h_f=m(z+2.5)$
标准中心距	a	$a=(d_1+d_2)/2=m(z_1+z_2)/2$	$a=(d_1-d_2)/2=m(z_1-z_2)/2$
基圆直径	d_b	$d_b=d\cos\alpha$	

注：内齿轮与外齿轮的齿顶圆直径、齿根圆直径、标准中心距的计算公式不同。

【例】 相啮合的一对外啮合标准直齿圆柱齿轮（压力角 $\alpha=20°$，齿顶高系数 $h_a^*=1$，顶隙系数 $c^*=0.25$），齿数 $z_1=17$，$z_2=46$，模数 $m=8\text{mm}$。试计算两齿轮的分度圆直径 d，齿顶圆直径 d_a，齿根圆直径 d_f，齿厚 s，齿高 h 和中心距 a。

解：（1）分度圆直径

$$d_1=mz_1=8\text{mm}\times17=136\text{mm}$$

$$d_2=mz_2=8\text{mm}\times46=368\text{mm}$$

（2）齿顶圆直径

$$d_{a1}=m(z_1+2)=8\text{mm}\times(17+2)=152\text{mm}$$

$$d_{a2}=m(z_2+2)=8\text{mm}\times(46+2)=384\text{mm}$$

（3）齿根圆直径

$$d_{f1}=m(z_1-2.5)=8\text{mm}\times(17-2.5)=116\text{mm}$$

$$d_{f2}=m(z_2-2.5)=8\text{mm}\times(46-2.5)=348\text{mm}$$

（4）齿厚

$$s_1=s_2=\pi m/2=3.14\times8\text{mm}/2=12.56\text{mm}$$

(5) 齿高

$h_1 = h_2 = h = 2.25m = 2.25 \times 8\text{mm} = 18\text{mm}$

(6) 中心距

$a = m(z_1 + z_2)/2 = 8\text{mm} \times (17+46)/2 = 252\text{mm}$

二、标准直齿圆柱齿轮副正确啮合的条件

一对渐开线齿轮要保证正确啮合，才能使齿轮连续、顺利地工作，避免因齿廓局部重叠或侧隙过大而引起卡死或冲击现象，必须使两齿轮的基圆齿距相等，即 $p_{b1} = p_{b2}$，如图 4-7 所示。

因为 $p_{b1} = p\cos\alpha = \pi m_1 \cos\alpha_1$，$p_{b2} = \pi m_2 \cos\alpha_2$，所以 $m_1 \cos\alpha_1 = m_2 \cos\alpha_2$，由此可得标准直齿圆柱齿轮的正确啮合条件如下：

1) 两齿轮的模数必须相等，$m_1 = m_2$。

2) 两齿轮分度圆上的压力角必须相等，$\alpha_1 = \alpha_2$。

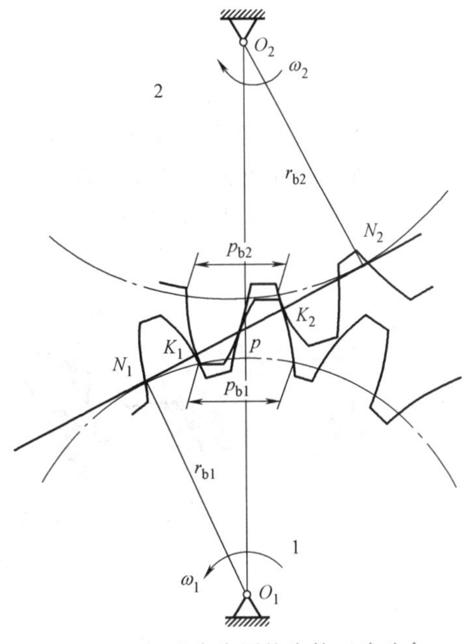

图 4-7　标准直齿圆柱齿轮正确啮合

第三节　其他齿轮传动

【学习目标】

1. 了解斜齿圆柱齿轮各几何要素名称和主要参数。
2. 掌握斜齿圆柱齿轮的正确啮合条件。
3. 了解直齿锥齿轮正确啮合的条件和应用场合。
4. 了解齿条的特点，掌握齿条移动速度的计算方法。

【知识导入】

图 4-8 所示的三种减速器，分别运用了不同类型的齿轮传动。这些不同类型的齿轮传动都有哪些特点呢？

a) 斜齿圆柱齿轮

b) 直齿锥齿轮

c) 齿轮齿条传动

图 4-8　减速器中的齿轮传动

【学习内容】

一、斜齿圆柱齿轮传动

1. 斜齿圆柱齿轮及其传动的特点

(1) 斜齿圆柱齿轮的形成　直齿圆柱齿轮的齿廓形成如图 4-9a 所示，发生面与基圆柱相切，当平面沿基圆柱作纯滚动时，其上与母线平行的任一直线在空间所走过的轨迹即为渐开线曲面。

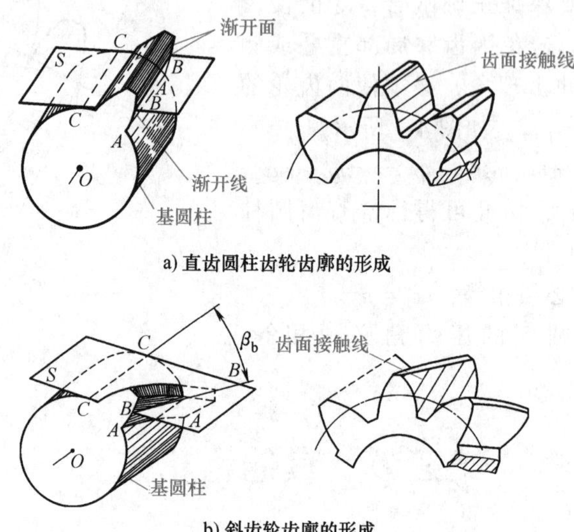

a) 直齿圆柱齿轮齿廓的形成

b) 斜齿轮齿廓的形成

图 4-9　直齿圆柱齿轮齿面和斜齿轮齿廓的形成

斜齿圆柱齿轮齿廓的形成如图 4-9b 所示。发生面 S 在基圆柱上作纯滚动时，发生面 S 上的直线 BB 不与基圆柱素线 CC 平行，而是与 CC 成一角度 β_b，当发生面 S 在基圆柱上作纯滚动时，斜直线 BB 的轨迹形成斜齿轮的齿廓曲面。BB 与基圆柱素线的夹角 β_b 称为基圆柱上的螺旋角，它表示轮齿的倾斜程度。

用渐开线螺旋面作为齿面的圆柱齿轮称为斜齿圆柱齿轮，简称斜齿轮。

(2) 斜齿圆柱齿轮的特点　与直齿圆柱齿轮传动相比，斜齿轮传动具有以下优缺点：

1) 轮齿的接触线先由短变长，再由长变短，承载能力大，可用于大功率传动。

2) 轮齿上的载荷逐渐增加，又逐渐卸掉，因此其承载和卸载平稳，冲击、振动和噪声小，适用于高速传动。

3) 斜齿轮的啮合时重合度大，降低了每对齿轮的载荷，从而提高了齿轮的承载能力，因此使用寿命长。

4) 由于轮齿倾斜，传动中会产生一个轴向力，故不能作为滑移齿轮。

2. 斜齿圆柱齿轮的主要参数和旋向

(1) 模数和压力角　由于斜齿圆柱齿轮轮齿齿面是螺旋面，所以斜齿轮的几何参数有端面参数和法向参数两组，如图 4-10 所示。

端面 t——与轴线垂直的截面。

法面 n——与轮齿垂直的截面。

一般规定斜齿圆柱齿轮的法向模数和法向压力角为标准值，即 $m_n = m$、$\alpha_n = \alpha = 20°$。

(2) 螺旋角　斜齿轮的螺旋角是指分度圆柱上的螺旋角，它表示轮齿的倾斜程度。斜

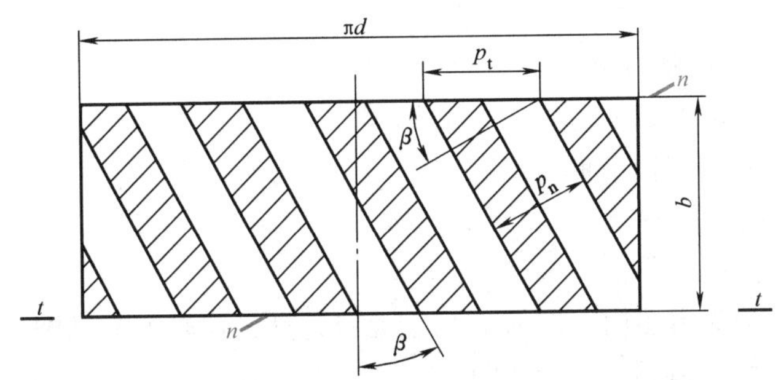

图 4-10　斜齿圆柱齿轮展开图

齿轮的螺旋角一般为 8°~20°。分度圆柱面直径大，螺旋角也大。螺旋角越大，轮齿越倾斜，传动的平稳性越好，但轴向力也越大。

（3）斜齿圆柱齿轮轮齿的旋向　斜齿圆柱齿轮轮齿的螺旋方向可分为左旋和右旋，用图 4-11 所示的右手法则来判定。

右手判定方法：伸出右手，掌心对准自己，四指指向齿轮的轴线，若齿向与拇指指向一致，则该齿轮为右旋齿轮，反之为左旋齿轮。

3. 斜齿圆柱齿轮正确啮合的条件

1）两齿轮法向模数（法向齿距 p_n 除以圆周率 π 所得的商）相等，即

$$m_{n1}=m_{n2}=m$$

2）两齿轮法向压力角相等，即

$$\alpha_{n1}=\alpha_{n2}=\alpha$$

3）两齿轮螺旋角相等，旋向相反，即

$$\beta_1=-\beta_2$$

二、直齿锥齿轮传动

1. 直齿锥齿轮传动的特点和应用场合

（1）锥齿轮传动的特点　锥齿轮传动用于相交轴之间的运动与动力的传递。两轴间的轴交角可根据传动的需要来确定。一般机械中多采用轴交角 Σ=90°的传动，如图 4-12 所示。

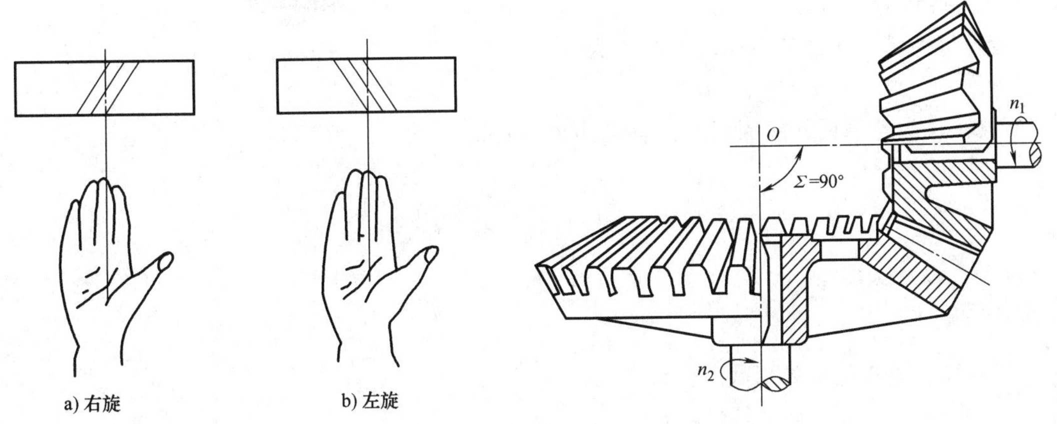

图 4-11　斜齿圆柱齿轮的旋向

图 4-12　锥齿轮传动

（2）锥齿轮传动的应用　锥齿轮的轮齿有直齿、斜齿和曲线齿等多种形式，其设计、制造和安装均较简便，应用广泛。曲线齿锥齿轮主要用于高速、大功率传动中；斜齿锥齿轮

则应用较少。

2. 直齿锥齿轮的正确啮合条件

1）两齿轮的大端端面模数相等，即 $m_1=m_2$。

2）两齿轮的压力角相等，即 $\alpha_1=\alpha_2$。

三、齿轮齿条传动

1. 齿条及其特点

齿轮的齿数增加到无穷多时，其圆心位于无穷远处，齿轮上的基圆、分度圆、齿顶圆等各圆成为基线、分度线、齿顶线等互相平行的直线，渐开线齿廓也变成直线齿廓，齿轮即演化成为齿条（图 4-13）。这样，齿条上的分度圆变为直线，称为基准线。齿顶圆、齿根圆都变为与基准线平行的直线，并分别称为齿顶线、齿根线。

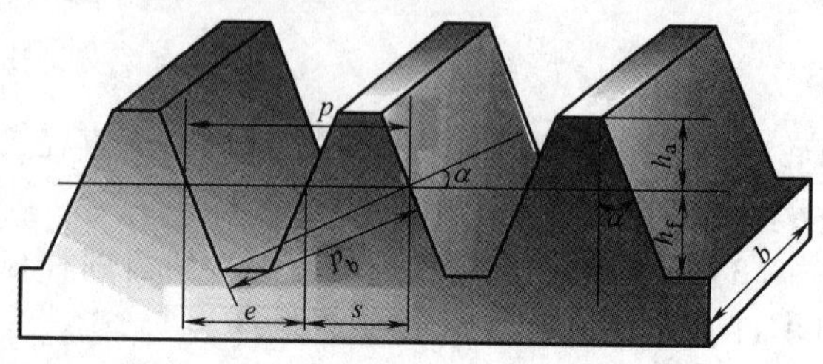

图 4-13　齿条

齿条的特点：

1）齿条齿廓上各点的压力角相同，并取 $\alpha=20°$。

2）轮齿不同高度上的齿距均相等，$p=\pi m$。

2. 齿轮齿条传动

齿轮的转动带动齿条直线移动，齿条的前后移动也可以带动齿轮转动。齿轮齿条传动的主要目的是将齿轮的回转运动转变为齿条的往复直线运动，或将齿条的直线往复运动转变为齿轮的回转运动，如图 4-14 所示。

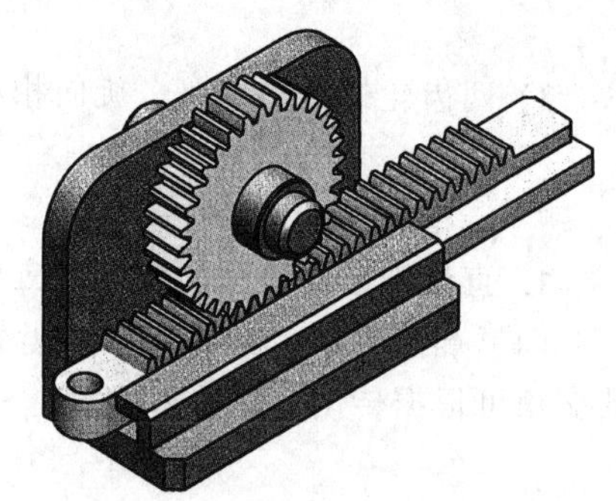
图 4-14　齿轮齿条传动

齿条的移动速度可用下式计算

$$v=n_1\pi d_1=n_1\pi m z_1$$

式中　v——齿条的移动速度（mm/min）；

n_1——齿轮的转速（r/min）；

d_1——齿轮分度圆直径（mm）；

m——齿轮的模数（mm）；

z_1——齿轮的齿数。

齿轮每回转一周，齿条移动的距离为

$$L=\pi d_1=\pi m z_1$$

式中　L——齿轮每回转一周齿条的移动距离（mm）。

第四节　齿轮传动的失效形式

【学习目标】

了解齿轮轮齿的失效形式。

【知识导入】

图 4-15 所示为齿轮在实际啮合传动过程中发生失效的一组照片，轮齿为什么会失效呢？下面根据齿轮的工作条件，学习并分析齿轮的失效形式。

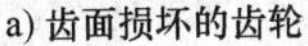
a) 齿面损坏的齿轮

b) 轮齿折断的齿轮

图 4-15　失效的齿轮

【学习内容】

一、轮齿的失效

齿轮传动过程中，若齿轮发生折断、齿面损坏等现象，则齿轮失去了正常的工作能力，称为轮齿失效。齿轮传动的失效，主要是轮齿的失效。

二、轮齿的失效形式

齿轮失效一般发生在齿面，很少发生在其他部位。按照齿轮在工作中发生故障的原因，可分析出常见的齿面失效形式有齿面点蚀、齿面磨损、齿面胶合、齿面塑性变形和轮齿折断等。

1. 齿面点蚀

齿面点蚀是齿面疲劳损伤的现象之一。齿轮传动时，两轮齿在理论上是线接触，而由于弹性变形的原因，实际上是很小的面接触，表面因此而产生很大的接触应力。轮齿在工作时，其啮合表面上任一点所产生的接触应力是按脉动循环变化的。齿面接触应力超过材料的接触极限应力时，齿面表层会产生细微的疲劳裂纹，裂纹的扩展使表层金属微粒剥落下来而形成一些小坑，俗称点蚀麻坑，如图 4-16 所示。

点蚀会使齿面减少承载面积，引起冲击和噪声，严重时轮齿会折断。当点蚀面积超过齿高、齿宽的 60%时，应更换新零件。

减少齿面点蚀的主要措施有：提高齿面硬度、选用黏度高的润滑油并采用适当的添加剂，以提高轮齿抗点蚀的能力。

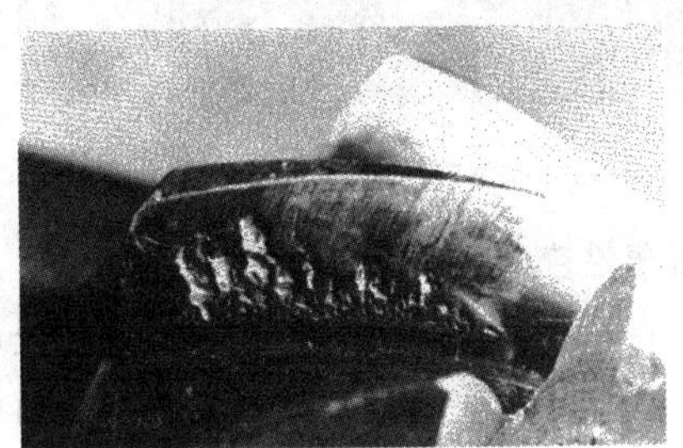

图 4-16　齿面点蚀

2. 齿面磨损

齿面磨损（图 4-17）是开式齿轮传动的主要失效形式。齿面磨损有两种：

1）由于硬的屑粒（如切屑、砂粒等）进入齿面间所引起的磨粒磨损。

2）由于轮齿表面相互摩擦所引起的研磨磨损。

过度磨损后，工作表面材料大量磨掉，齿廓形状破坏，常导致严重噪声和振动，最终导致传动失效。因此，重要轮齿的齿面磨损不应该超过原齿厚的 10%，一般轮齿齿面磨损视设备用途不超过原齿厚的 20%，超过标准则应更换。

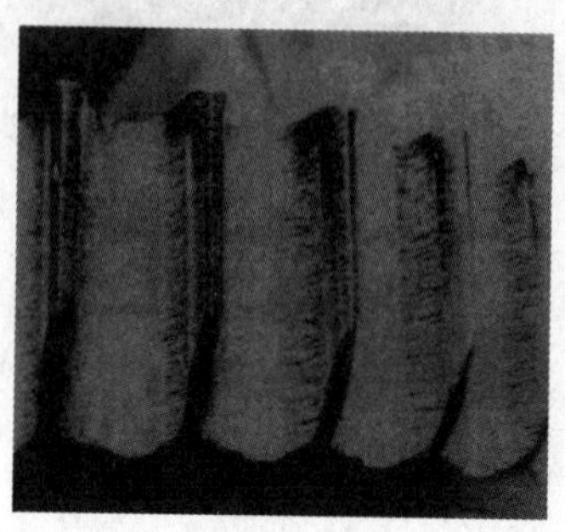

图 4-17　齿面磨损

减少齿面磨损的主要措施有：提高齿面硬度，减小表面粗糙度值，采用合适的材料组合，改善润滑条件和工作条件（如采用闭式传动）等。

3. 齿面胶合

高速和低速重载的齿轮传动容易发生齿面胶合。传动中，因啮合区温度升高而导致润滑油膜被破坏，使两齿面金属直接接触并相互黏结，随着齿面的相对滑动，较软的齿面金属沿滑动方向被撕下而形成沟纹，这种现象就是齿面胶合（图 4-18）。根据各自不同的特征和原因，胶合具体又分为轻微胶合、中等胶合、破坏性胶合及局部胶合四种类型。齿面胶合会引起强烈的磨损和发热，造成传动不平稳，导致齿轮报废。

防止齿面胶合的方法有：选用特殊的高黏度润滑油或者在油中加入抗胶合的添加剂，选用不同的材料使两轮不易粘连，提高齿面硬度，降低表面粗糙度值，改进冷却条件等。

图 4-18　齿面胶合

4. 齿面塑性变形

齿面塑性变形主要出现在低速重载、频繁起动和过载的场合。当齿面的工作应力超过材料的屈服强度时，齿面产生塑性流动，从而引起主动齿轮齿面节线处产生凹槽，从动齿轮出现凸脊，如图 4-19 所示。此失效多发生在非硬面轮齿上，齿轮的齿形严重变形，特别是左右不对称时应更换新件。

防止塑性变形的主要措施有：提高齿面硬度，采用黏度大的润滑油，尽量避免频繁起动和过载。

图 4-19　齿面塑性变形

5. 轮齿折断

轮齿折断（图 4-20）是危险性很大的一种最终失效形式，根据形成的不同原因可分为过载折断、疲劳断裂和随机折断。

（1）过载折断　齿面受到过大冲击载荷时，致使轮齿应力超过其极限应力，发生过载断裂。一般为短期过载。轮齿发生过载折断时，其断面有呈放射状或人字形花样的放射区，放射方向与裂纹扩展方向大致平行，放射中心即为断裂源，断口现壳纹疲劳线。铸铁齿轮易发生过载断裂。

（2）疲劳断裂　在循环载荷作用下，齿根处弯曲应力最大且应力集中，当超过疲劳极限时，齿根圆角处易产生疲劳裂纹。随着工作时间和循环次数的增加，多次重复作用，裂纹逐渐扩展加深，最终导致轮齿疲劳断裂。导致轮齿发生疲劳折断的因素很多，如：齿轮材料选用不当、加工精度低、齿根过渡圆角小、设计时对实际载荷估计不足等。

（3）随机折断　当齿轮存在缺陷、外部剥落，容易形成过高的局部应力集中，会导致随机折断。其断口形式与一般疲劳折断相似。这种失效实际上是次生的失效。

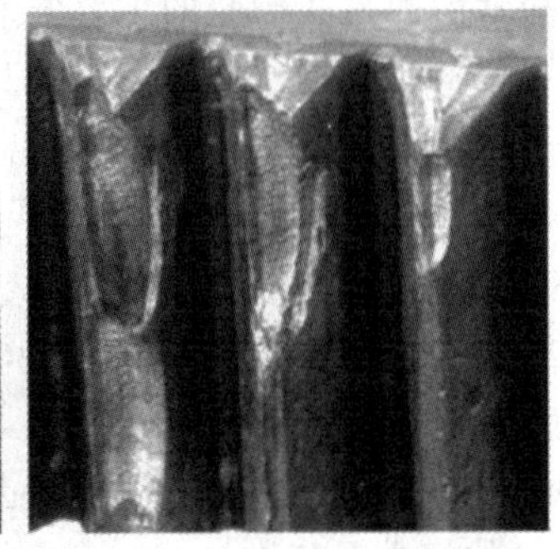

图 4-20　轮齿折断

防止轮齿折断的主要措施有：选择适当的模数和齿宽，采用合适的材料及热处理方法，减少齿根应力集中，齿根圆角不宜过小，并控制表面粗糙度的值在一定范围内，使齿根危险截面处的弯曲应力最大值不超过许用应力值。

【本章习题】

一、填空题

1. 齿轮传动属于啮合传动，由于齿轮齿廓曲线较特殊，因而传动比________，传动________、________和________。

2. 齿轮传动按啮合方式分为__________和__________。

3. 齿轮传动按齿轮啮向不同分为________、________、________和________等。

4. 目前绝大多数齿轮采用的是________齿廓。

5. 取两条对称渐开线上的一段作为齿轮的________，这样的齿轮就叫渐开线齿轮。

6. 齿轮齿条传动的主要目的是将齿轮的________转变为齿条的________，或将齿条的________转变为齿轮的________。

二、选择题

1. 渐开线上各点压力角不相等，基圆上压力角（　　）零。

A. 大于　　　　B. 等于　　　　C. 不等于

2. 齿轮传动能够保证准确的（　　），传动平稳、工作可靠性高。

A. 平均传动比　　　　B. 瞬时传动比　　　　C. 传动比

3. 标准斜齿圆柱齿轮的基本参数均以（　　）为标准。

A. 法线　　　　B. 法向　　　　C. 径向平面

4. 斜齿轮传动时，其轮齿啮合线先（　　），再（　　）。

A. 由短变长　　　　B. 由长变短　　　　C. 不变

5. 斜齿圆柱齿轮的端面用（　　）作标记，法向用（　　）作标记。

A. x　　　　B. n　　　　C. t

三、判断题

1. 国家标准规定，分度圆上的压力角为标准值，其值为20°。（　　）

2. 直齿圆柱齿轮内啮合齿轮的齿顶圆大于分度圆，齿根圆小于分度圆。（　　）

3. 斜齿圆柱齿轮与直齿圆柱齿轮相比，承载能力大、传动平稳。（　　）

4. 齿轮传动失效主要是轮齿的失效。（　　）

5. 齿发生点蚀后，会造成齿轮传动不平稳和产生噪声。（　　）

6. 开式齿轮和软齿面闭式齿轮的主要失效形式之一是轮齿折断。（　　）

7. 齿轮的常用材料有锻钢、铸钢、铸铁和非金属材料等。（　　）

四、计算题

1. 已知一对标准直齿圆柱齿轮传动，其传动比 $i_{12}=2$，主动齿轮转速 $n_1=1000\text{r/min}$，中心距 $a=300\text{mm}$，模数 $m=4\text{mm}$，试求从动齿轮转速 n_2，齿数 z_1 及 z_2。

2. 已知一标准直齿圆柱齿轮，齿数 $z=30$，齿根圆直径 $d_f=192.5\text{mm}$，试求齿距 p、齿顶圆直径 d_a、分度圆直径 d 和齿高 h。

3. 一对外啮合标准直齿圆柱齿轮，已知齿距 $p=9.42\text{mm}$，中心距 $a=75\text{mm}$，传动比 $i=1.5$，试计算两齿轮的模数及齿数。

五、简答题

1. 齿轮传动的类型及特点？

2. 直齿圆柱齿轮正确啮合的条件是什么？

3. 斜齿圆柱齿轮正确啮合的条件是什么？

4. 直齿锥齿轮正确啮合的条件是什么？

5. 齿轮轮齿的失效形式有哪几种？

第五章 蜗杆传动

蜗杆传动是空间交错的两轴传递运动和动力的一种传动机构，广泛应用于各种机械设备和仪表中。日常的生活中，许多地方都使用了蜗杆机构，如电梯（图 5-1a）、移动大门（图 5-1b）。

除了日常生活中使用蜗杆机构，在生产上也有很多地方使用蜗杆机构，如蜗杆减速器（图 5-1c）、蜗轮蜗杆升降机（图 5-1d）。

a) 电梯　b) 移动大门　c) 蜗杆减速器　d) 蜗轮蜗杆升降机

图 5-1　各种蜗杆传动机器

第一节　蜗杆传动概述

【学习目标】

1. 了解蜗杆传动的组成及应用特点。
2. 掌握蜗杆传动回转方向的判定。

【知识导入】

电梯是人们日常经常使用的工具，那么你知道蜗杆机构是如何实现电梯垂直上下运行的吗？蜗杆机构与之前所学的齿轮传动相比有何区别呢？

【学习内容】

一、蜗杆传动的组成及应用特点

1. 蜗杆传动的组成

从图 5-2a 中可以看到蜗轮与蜗杆两轴线在空间交错成 90°，蜗杆（主动件）带动蜗轮（从动件）转动，从而传递运动和动力。

蜗杆传动即为蜗杆和蜗轮组成的啮合传动装置，如图 5-2b 所示。蜗杆传动用于传递空间两交错轴之间的运动和动力，通常两轴垂直交错，轴交角 $\Sigma=90°$。通常情况下，蜗杆是主动件，蜗轮是从动件。

蜗轮为渐开线齿形，其外形与斜齿轮相似。

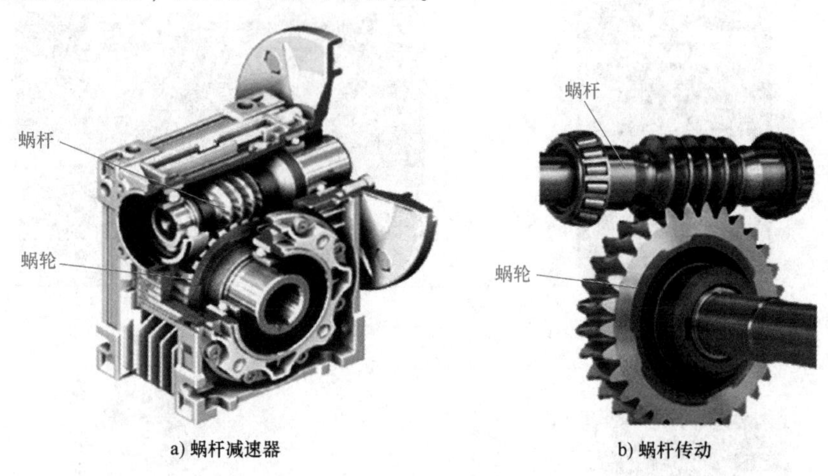

图 5-2　蜗杆传动

2. 圆柱蜗杆的分类

1）按照蜗杆形状的不同，蜗杆传动可以分为圆柱面蜗杆传动（图 5-3a）、环面蜗杆传动（图 5-3b）和锥面蜗杆传动（图 5-3c）三大类，圆柱面蜗杆又分为阿基米德蜗杆（图 5-4a）、渐开线蜗杆（图 5-4b）和法向直廓蜗杆（图 5-4c）等，其中阿基米德蜗杆应用最为广泛，本节主要介绍该种蜗杆传动。

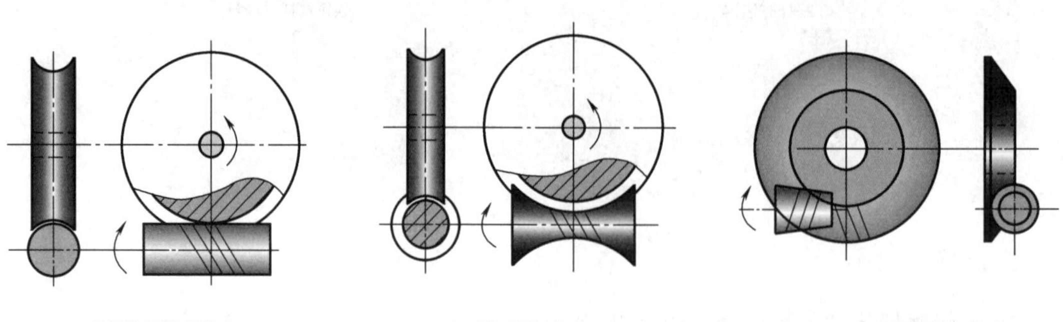

图 5-3　蜗杆传动种类

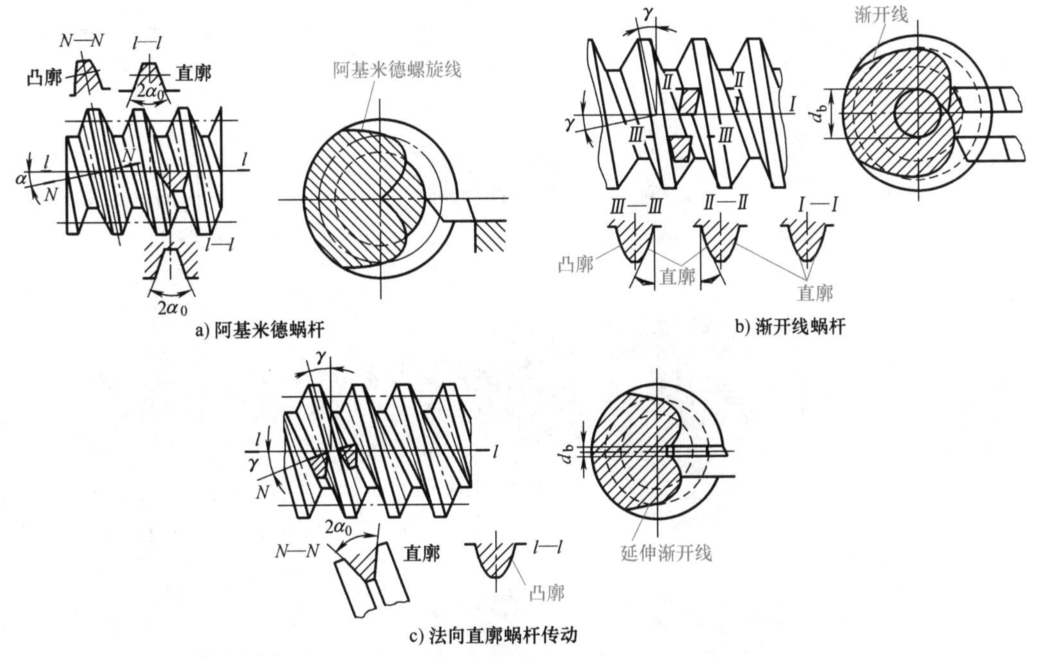

a) 阿基米德蜗杆　　b) 渐开线蜗杆　　c) 法向直廓蜗杆传动

图 5-4　圆柱面蜗杆种类

2）按照蜗杆螺旋方向不同，蜗杆分为右旋蜗杆和左旋蜗杆，一般多采用右旋蜗杆。

3）按照蜗杆头数不同，蜗杆分为单头蜗杆和多头蜗杆。蜗杆上只有一条螺旋线的称为单头蜗杆，有两条及以上螺旋线的称为多头蜗杆，通常蜗杆的头数 $z_1=1\sim4$。

3. 蜗杆传动的特点

1）与齿轮传动相比，蜗杆传动传动比大，在动力传动中一般 $i=8\sim100$，在分度机构中传动比可达 1000。

2）传动平稳，噪声小。

3）在一定条件下，具有自锁性。

4）蜗杆传动效率低，磨损较严重。

二、蜗杆传动回转方向的判定

在蜗杆传动中，蜗轮和蜗杆的旋向应是一致的，同为左旋或右旋。蜗轮回转方向的判定取决于蜗杆的旋向和蜗轮的回转方向，可用左（右）手定则来判定，见表 5-1。

表 5-1　蜗轮、蜗杆的旋向及蜗轮回转方向的判定方法

要求	图示	判定方法
判断蜗杆或蜗轮的旋向	右旋螺杆 左旋螺杆	右手定则：右手手心对着自己，四指顺着蜗杆或蜗轮轴线方向摆正，若齿向与右手拇指指向一致，则该蜗杆或蜗轮为右旋；反之为左旋

（续）

要求	图示	判定方法
判断蜗杆或蜗轮的旋向	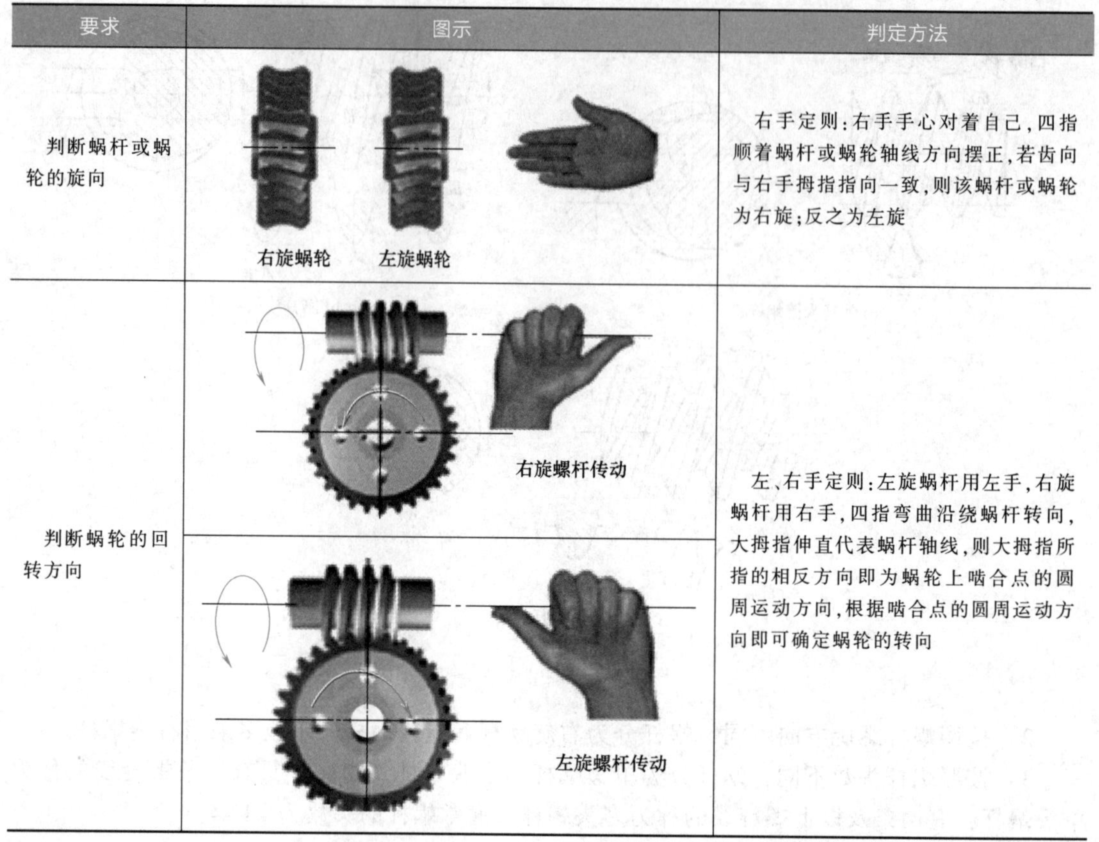 右旋蜗轮 左旋蜗轮	右手定则：右手手心对着自己，四指顺着蜗杆或蜗轮轴线方向摆正，若齿向与右手拇指指向一致，则该蜗杆或蜗轮为右旋；反之为左旋
判断蜗轮的回转方向	右旋螺杆传动 左旋螺杆传动	左、右手定则：左旋蜗杆用左手，右旋蜗杆用右手，四指弯曲沿绕蜗杆转向，大拇指伸直代表蜗杆轴线，则大拇指所指的相反方向即为蜗轮上啮合点的圆周运动方向，根据啮合点的圆周运动方向即可确定蜗轮的转向

第二节　蜗杆传动的基本参数和啮合条件

【学习目标】

1. 了解普通蜗杆传动的基本参数。
2. 掌握蜗杆传动正确啮合的条件。

【知识导入】

在上一节内容的学习中，学习了蜗杆传动的组成、分类及其应用，并学习了蜗杆传动回转方向的判定。那么，在工作过程中，蜗轮的转速与蜗杆的转速有什么关系？

【学习内容】

一、蜗杆传动的基本参数

通常把沿着蜗杆轴线且垂直于蜗轮轴线的平面称为中间平面。如图 5-5 所示，在中间平面内，蜗杆与蜗轮的啮合类似于齿条与齿轮的啮合。因此，蜗杆传动的参数和尺寸在中间平面内确定。

1. 模数 m 和压力角 α

规定在中间平面内蜗杆、蜗轮的几何参数是标准值。所以蜗杆的模数是指轴向模数

m_{a1}，蜗轮的模数是指端面模数 m_{t2}，蜗杆的轴向模数与蜗轮的端面模数应相等，同时蜗杆的轴向压力角与蜗轮端面压力角相等，并为标准值，即

$$m_{a1}=m_{t2}=m$$

$$\alpha_{a1}=\alpha_{t2}=\alpha=20°$$

蜗杆模数 m 按表 5-2 选取。

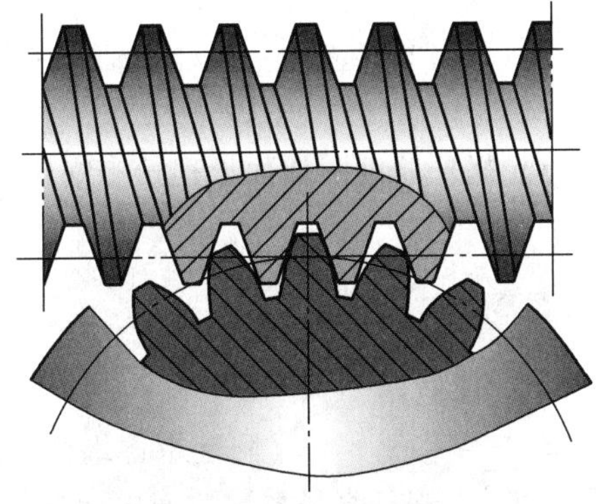

图 5-5　蜗杆传动的中间平面

表 5-2　蜗杆模数（摘自 GB/T 10085—2018）

（单位：mm）

模数	1.25　1.6　2　2.5　3　3.15　4　5　6.3　8　10　12.5　16　20

2. **蜗杆直径系数 q**

在生产中，常用与蜗杆尺寸相同的蜗轮滚刀来加工蜗轮。为了限制滚刀的规格和便于刀具的标准化，国家标准规定了蜗杆分度圆直径的标准化系列，可参考《机械设计手册》选取。这样即规定了蜗杆直径系数 q，并与标准模数相匹配。

蜗杆直径系数 q 是蜗杆分度圆直径 d_1 与轴向模数 m 的比值，即

$$q=d_1/m$$

3. **蜗杆导程角 γ**

蜗杆的形成原理与螺旋相同，所以蜗杆轴向齿距 p_x 与蜗杆导程 p_z 的关系为 $p_z=z_1p_x$，且 $p_x=\pi m$。由图 5-6 可知

$$\tan\gamma=\frac{p_z}{\pi d_1}=\frac{z_1p_x}{\pi d_1}=\frac{z_1m}{d_1}=\frac{z_1}{q}$$

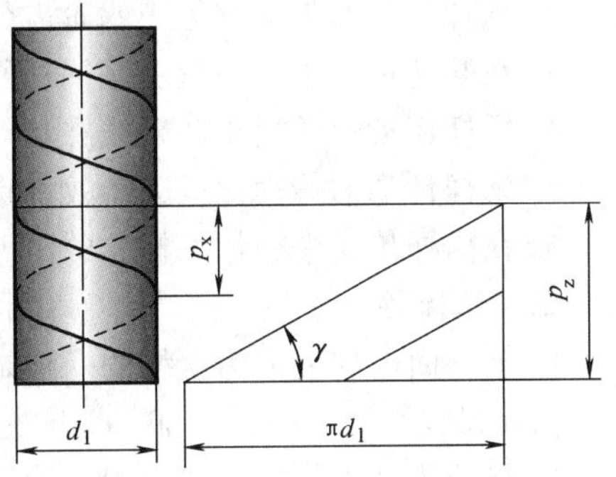

图 5-6　蜗杆的形成原理示意图

蜗杆传动的效率与导程角 γ 有关：导程角大，传动效率高；导程角小，传动效率低。当传递动力时，要求效率高，常取 $\gamma=15°\sim30°$，此时应采用多头蜗杆；若蜗杆传动要求具有反传动自锁性能，常取 $\gamma=3.5°\sim4.5°$，采用单头蜗杆。

蜗杆导程角 γ 与蜗轮螺旋角 β 大小相同，旋向相同，即 $\gamma=\beta$。

4. **传动比 i、蜗杆头数 z_1 和蜗轮齿数 z_2**

蜗杆旋转一圈，蜗轮转过 z_1 个齿，即传动比

$$i=\frac{n_1}{n_2}=\frac{z_2}{z_1}$$

式中　n_1——主动蜗杆的转速（r/min）；

n_2——从动蜗轮的转速（r/min）；

z_1——主动蜗杆头数；

z_2——从动蜗轮的齿数。

蜗杆头数 z_1 常取 1、2、4、6。

蜗轮齿数 z_2 可根据选定的 z_1 和传动比 i 的大小，由 $z_2=iz_1$ 来确定。

二、蜗杆传动正确啮合的条件

1）在中间平面内，蜗杆的轴向模数和蜗轮的端面模数相等，即

$$m_{a1}=m_{t2}=m$$

2）在中间平面内，蜗杆的轴向压力角和蜗轮的端面压力角相等，即

$$\alpha_{a1}=\alpha_{t2}=\alpha=20°$$

3）蜗杆分度圆柱面导程角和蜗轮分度圆柱面螺旋角相等，且旋向一致，即

$$\gamma=\beta_2$$

【本章习题】

一、填空题

1. ________（阿基米德蜗杆、渐开线蜗杆、法向直廓蜗杆）应用最为广泛。

2. 引入蜗杆直径系数并使之标准化是为了使刀具________（标准化、耐用）。

3. 蜗杆传动由________和________组成，且通常________为主动件，________为从动件。

4. 蜗轮回转方向的判定不仅与蜗杆的________有关，而且与蜗杆的________有关。

5. 蜗轮齿数 z_2 主要根据________和________来确定。

6. 在分度机构中常用________头蜗杆，在传递功率较大的场合常用________头蜗杆。

7. 蜗杆传动的主要参数有________、________、________、________和________等。

二、判断题

1. 蜗杆传动是指蜗杆和蜗轮的啮合传动。（ ）

2. 蜗杆传动的传动比等于蜗轮齿数与蜗杆头数之比。（ ）

3. 在蜗杆传动中，一般总是蜗杆作为主动件，蜗轮作为从动件。（ ）

4. 蜗杆传动通常用于两轴线在空间垂直交错的场合。（ ）

5. 蜗杆传动的传动比很大，效率也高。（ ）

6. 在蜗杆传动中，加工蜗轮的滚刀仅与蜗杆的模数和压力角相等。（ ）

三、选择题

1. 轴平面内的齿形为直线的蜗杆是（ ）蜗杆。

A. 阿基米德　　B. 渐开线　　C. 法向直廓

2. 蜗杆传动中，蜗杆和蜗轮的轴线一般在空间交错成（ ）。

A. 45°　　B. 60°　　C. 90°

3. 用于传递动力的蜗杆传动的传动比 i 常在（ ）范围。

A. 10~30　　B. 8~100　　C. 600 以上

4. 蜗杆传动的效率一般在（ ）。

A. 90%　　B. 70%~80%　　C. 50%

5. 具有自锁性能的蜗杆传动，其效率为（ ）。

A. 70%~80%　　B. 高于 50%　　C. 低于 50%

6. 蜗杆传动的主要失效形式是齿面胶合和（ ）。

A. 齿面点蚀　　B. 轮齿折断　　C. 齿面磨损

四、简答题

1. 蜗杆传动有何特点？它适用于什么场合？

2. 阿基米德蜗杆传动的标准模数及标准压力角取在哪个平面上？

3. 蜗杆传动按蜗杆形状不同，可分为哪几种类型？

4. 蜗杆传动的主要参数有哪些？

5. 蜗杆传动的正确啮合条件是什么？

五、应用题

判断图 5-7 所示蜗杆传动中蜗轮、蜗杆的回转方向或螺旋方向。

a）判定蜗杆的螺旋方向；b）判定 n_2 的回转方向；c）判定 n_1 的回转方向。

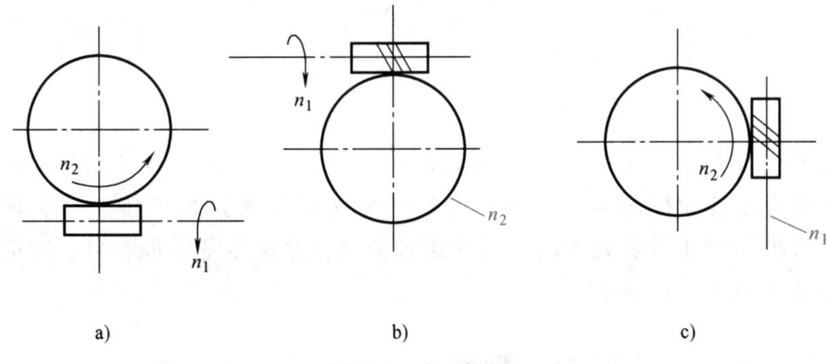

图 5-7　应用题图

第六章 轮 系

前面学习了一对齿轮的啮合传动，这是齿轮传动中最简单的形式。在实际的机械设备中，仅依靠一对齿轮传动往往是不够的，需要多对（或多级）齿轮传动来实现一定的工作要求。例如，汽车的变速器要完成汽车的变速及变向，钟表要完成秒、分、时的进制，均需要多级齿轮传动来完成（图 6-1）。

a) 汽车变速器

b) 钟

图 6-1 轮系

第一节 轮系的分类及应用

【学习目标】

1. 了解轮系的分类和应用特点。
2. 掌握定轴轮系中各轮转向的确定、传动比的计算。
3. 了解惰轮的作用。

【知识导入】

在机械传动中，为了获得较大的传动比，或将主动轴的一种转速变换为从动轴的多种转速，或需要改变从动轴的回转方向，采用一系列相互啮合的齿轮，将主动轴和从动轴连接起来组成传动，这种由一系列相互啮合的齿轮组成的传动系统称为轮系。

【学习内容】

一、轮系的分类及其应用特点

1. 轮系的组成与分类

按轮系传动时各齿轮的几何轴线在空间的相对位置是否都固定，轮系可分为定轴轮系、周转轮系和组合轮系三大类（见表6-1）。

表6-1　轮系的分类

轮系种类	定义	图例
定轴轮系	传动时，轮系中各齿轮的几何轴线位置都是固定的轮系称为定轴轮系。定轴轮系又称普通轮系	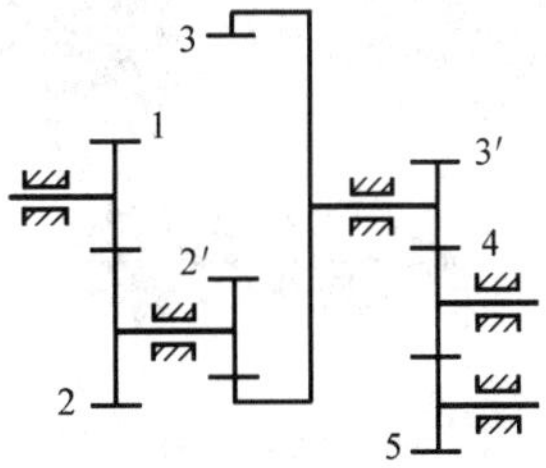 3　1　3′　2′　4　2　5
周转轮系	传动时，轮系中至少有一个齿轮的几何轴线位置不固定，而是绕另一个齿轮的固定轴线回转，这种轮系称为周转轮系。在右图所示轮系中，齿轮1、3的轴线固定，齿轮2在H的作用下绕1、3的固定轴线回转	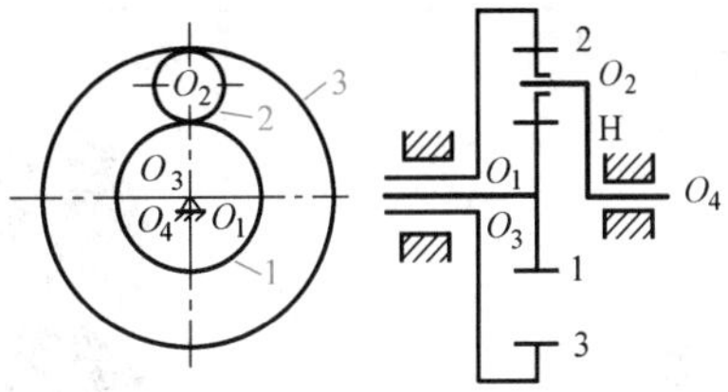 O_2　2　3　O_3　O_4　O_1　1　2　O_2　H　O_1　O_4　O_3　1　3
组合轮系	既含有定轴轮系，又含有周转轮系或者含有多个周转齿轮系的传动，称为组合轮系。如右图所示的组合轮系：右部分为由齿轮1、2、3和构件H组成的周转轮系；左部分为由齿轮1′、5、4、4′和3′所组成的定轴轮系	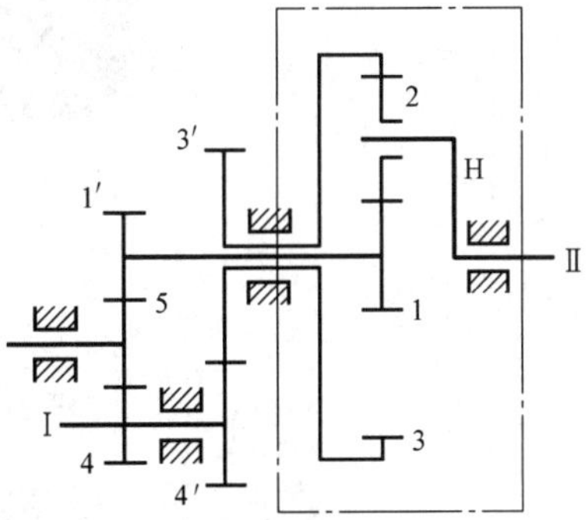 2　3′　H　1′　Ⅱ　5　1　Ⅰ　3　4　4′

2. 轮系的功用

1）获得大的传动比。一对相互啮合的齿轮传动，受结构的限制，传动比不能过大。若采用轮系传动，可以获得很大的传动比，以满足低速工作的要求。

2）可进行较远距离的传动。当两轴中心距较大时，如果用一对齿轮传动，则两齿轮的尺寸必然很大，这样不仅浪费材料，而且传动机构庞大。若采用轮系传动，则可使其结构紧凑，并实现较远距离传动（图6-2）。

3）可实现变速要求。在轮系中采用滑移齿轮等变速机构（图6-3），齿轮1、2是双联滑移齿轮，可在轴Ⅰ上滑移。当齿轮1和齿轮3啮合时，轴Ⅱ获得一种转速；当滑移齿轮右移，使齿轮2和齿轮4啮合时，轴Ⅱ可获得另一种转速（齿轮1、2和齿轮2、4传动比不同），从而改变传动比，实现多级变速要求。

4）可实现换向运动。在轮系中采用锥齿轮、惰轮、三星轮等机构，可以改变从动轴回转方向，可实现从动轴正、反转变向（图6-4）。

5）可实现运动的合成或分解（图6-5）。采用周转轮系可以将两个独立的回转运动合成一个回转运动，也可以将一个回转运动分解成两个独立的回转运动。

图 6-2　远距离传动　　　　图 6-3　滑移齿轮变速机构

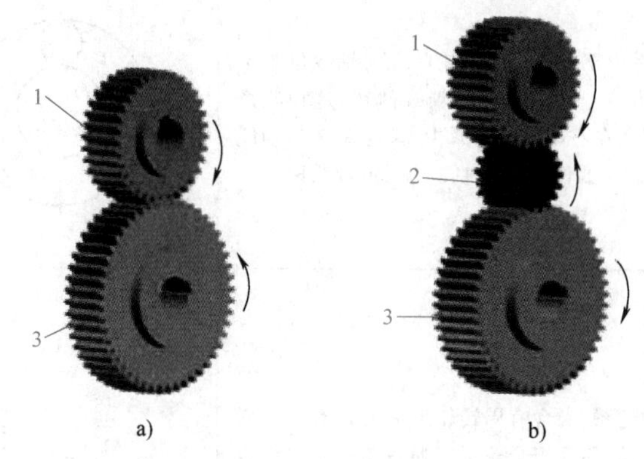

图 6-4　利用中间轮变向

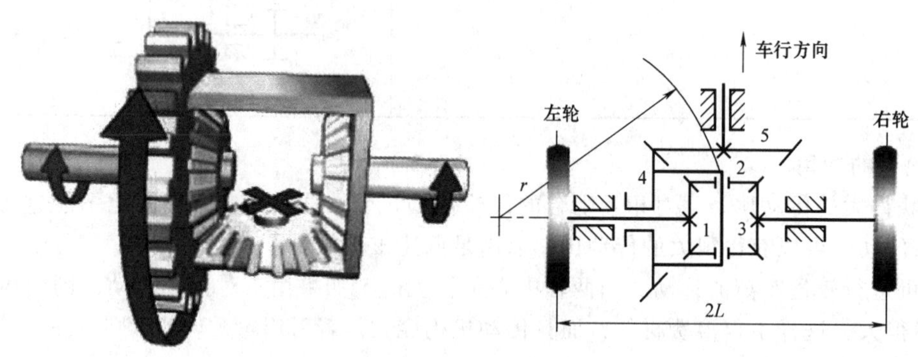

图 6-5　汽车后桥差速器

二、定轴轮系中各轮旋向判定和传动比计算

轮系的传动比是指轮系中首末两轮的转速之比。轮系传动比的计算包括传动比大小的计算和确定从动轮的转动方向。

1. 定轴轮系中各轮转向的判定

一对齿轮传动，当首轮（或末轮）的转向为已知时，其末轮（或首轮）的转向也就确定了。齿轮的转动方向在轮系中可以用箭头表示，标注同向箭头的齿轮转动方向相同，标注反向箭头的齿轮转动方向相反，规定箭头指向为齿轮可见侧的圆周速度方向。一对齿轮啮合传动比的大小及方向见表 6-2。

表 6-2　一对齿轮啮合传动比的大小及方向

名称	图例	传动比公式	方向判定
平行轴外啮合齿轮	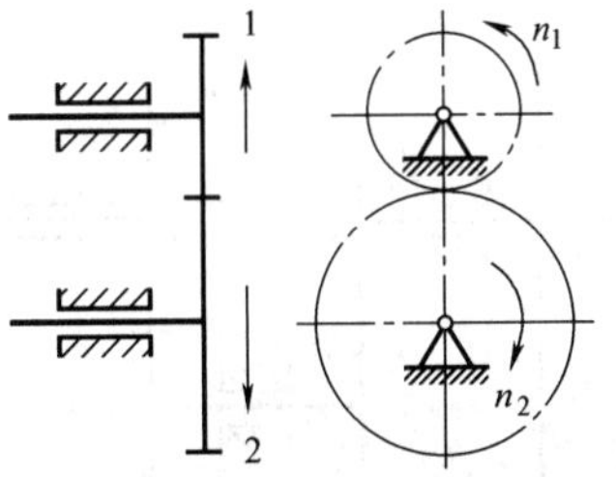 外啮合齿轮传动	$\frac{n_1}{n_4}=\frac{\omega_1}{\omega_4}=\pm\frac{z_2}{z_1}$	两轴转向相反，传动比为负值
平行轴内啮合齿轮	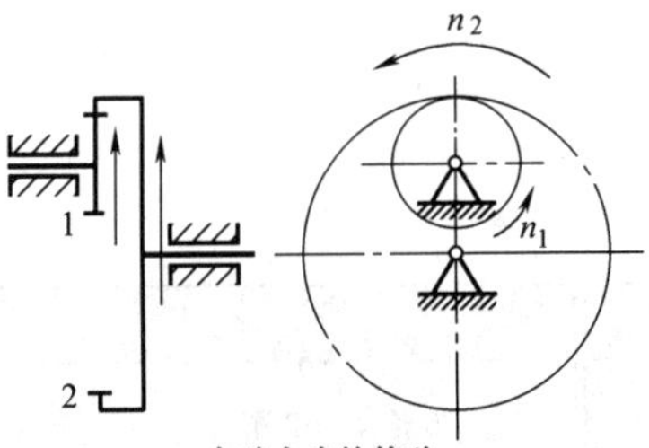 内啮合齿轮传动		两轴转向相同，传动比为正值
锥齿轮传动	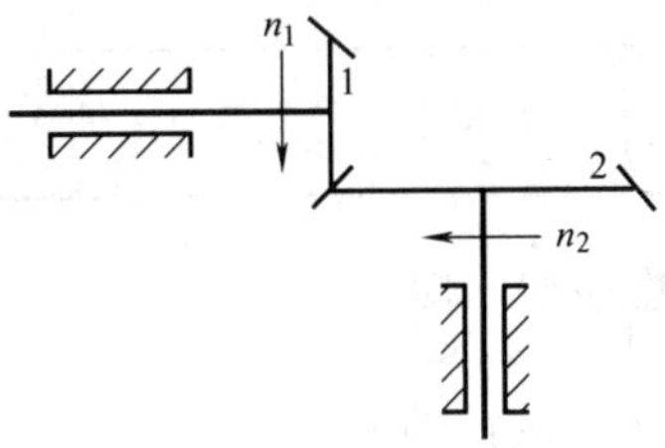 锥齿轮传动	$\frac{n_1}{n_4}=\frac{\omega_1}{\omega_4}=\pm\frac{z_2}{z_1}$	不能用正负号表示，齿轮的转向只能标注在图上，两箭头为“头靠头、尾靠尾”
蜗杆传动	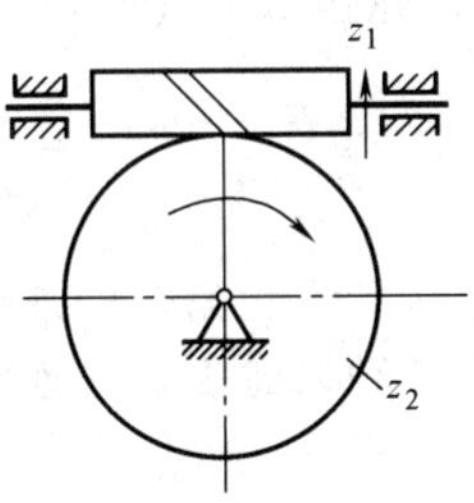 蜗杆传动		不能用正负号表示，转向只能标注在图上，具体方向判定见蜗轮、蜗杆旋向判定

2. 定轴轮系传动比的计算

定轴轮系的传动比是指轮系中首、末两轮的角速度（或转速）之比。定轴轮系的传动比计算包括轮系传动比大小的计算和末轮的回转方向的确定。

图 6-6 所示为由圆柱齿轮所组成的定轴轮系，齿轮 1、2、3、3′、…、6 的齿数分别用

z_1、z_2、z_3、$z_{3'}$、…、z_6 表示，齿轮的转速分别用 n_1、n_2、n_3、$n_{3'}$、…、n_6 表示。各传动轴分别用Ⅰ、Ⅱ、Ⅲ、Ⅳ、Ⅴ、Ⅵ表示。轮系中各对齿轮的传动比用双下角标表示，如 i_{12}、i_{23}、$i_{3'4}$、…、$i_{5'6}$，整个轮系的传动比用 i_{16} 表示。

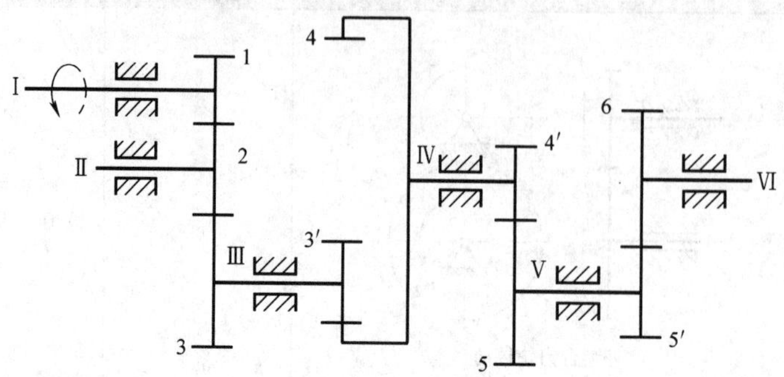

图 6-6　定轴轮系的传动比计算

各对齿轮间的传动比见表 6-3。

表 6-3　定轴轮系各齿轮间传动比

啮合齿轮	传动	啮合齿轮	传动
齿轮 1 和齿轮 2	$i_{12}=\dfrac{n_1}{n_2}=-\dfrac{z_2}{z_1}$	齿轮 4′和齿轮 5	$i_{4'5}=\dfrac{n_{4'}}{n_5}=-\dfrac{z_5}{z_{4'}}$
齿轮 2 和齿轮 3	$i_{23}=\dfrac{n_2}{n_3}=-\dfrac{z_3}{z_2}$	齿轮 5′和齿轮 6	$i_{5'6}=\dfrac{n_{5'}}{n_6}=-\dfrac{z_6}{z_{5'}}$
齿轮 3′和齿轮 4	$i_{3'4}=\dfrac{n_{3'}}{n_4}=+\dfrac{z_4}{z_{3'}}$		

轮系的传动比等于各级齿轮副传动比的连乘积，即

$$i_{16}=i_{12}i_{23}i_{3'4}i_{4'5}i_{5'6}=\frac{n_1n_2n_{3'}n_{4'}n_{5'}}{n_2n_3n_4n_5n_6}=\left(-\frac{z_2}{z_1}\right)\left(-\frac{z_3}{z_2}\right)\left(+\frac{z_4}{z_{3'}}\right)\left(-\frac{z_5}{z_{4'}}\right)\left(-\frac{z_6}{z_{5'}}\right)=(-1)^4\ \frac{z_3z_4z_5z_6}{z_1z_{3'}z_{4'}z_{5'}}$$

上式说明轮系的传动比等于轮系中所有从动齿轮齿数的连乘积与所有主动齿轮齿数的连乘积之比。

综上所述，定轴轮系传动比的计算公式为

$$i_{1k}=\frac{n_1}{n_k}=(-1)^m\ \frac{\text{各级齿轮副中从动齿轮齿数的连乘积}}{\text{各级齿轮副中主动齿轮齿数的连乘积}}$$

式中　m——轮系中外啮合圆柱齿轮副的数目。

说明：$(-1)^m$ 在计算中表示首末两轮回转方向的异同，若结果为正，说明首末两轮的回转方向相同；结果为负，说明首末两轮的回转方向相反。

当轮系中有锥齿轮、蜗杆啮合传动，则不能使用 $(-1)^m$ 来确定末轮的回转方向，而只能使用标注箭头的方法。

【例 1】　如图 6-7 所示轮系，已知各齿轮齿数及 n_1 转向，求 i_{19} 并判定 n_9 转向。

解：因为轮系传动比 $i_{总}$ 等于各级齿轮副传动比的连乘积，所以

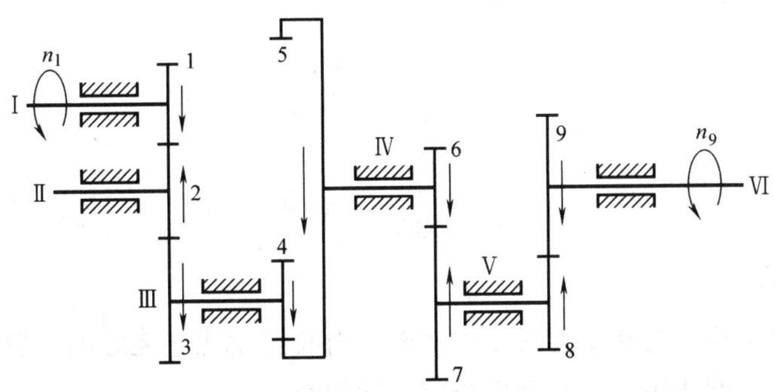

图 6-7　定轴轮系回转方向

$$i_{19}=i_{12}i_{23}i_{45}i_{67}i_{89}=\frac{n_1n_2n_4n_6n_8}{n_2n_3n_5n_7n_9}=\frac{n_1}{n_9}=\left(-\frac{z_2}{z_1}\right)\left(-\frac{z_3}{z_2}\right)\left(+\frac{z_5}{z_4}\right)\left(-\frac{z_7}{z_6}\right)\left(-\frac{z_9}{z_8}\right)$$

$$i_{19}=(-1)^4\frac{z_2z_3z_5z_7z_9}{z_1z_2z_4z_6z_8}$$

结果为正值，表示定轴轮系中主动齿轮（首轮）1 与定轴轮系中末端齿轮（输出轮）9 转向相同。转向也可以通过在图上依次画箭头表示。

【例 2】 如图 6-8 所示轮系，已知 $z_1=24$，$z_2=28$，$z_3=20$，$z_4=60$，$z_5=20$，$z_6=20$，$z_7=28$，齿轮 1 为主动件。求传动比 i_{17}；若齿轮 1 转向已知，试判定齿轮 7 的转向。

解：根据公式

$$i_{17}=\frac{n_1}{n_7}=\left(-\frac{z_2}{z_1}\right)\left(+\frac{z_4}{z_3}\right)\left(-\frac{z_6}{z_5}\right)\left(-\frac{z_7}{z_6}\right)=-\frac{28\times60\times20\times28}{24\times20\times20\times20}=-4.9$$

结果为负值，说明从动轮 7 与主动轮 1 的转向相反。

各轮转向如图中箭头所示。

【例 3】 如图 6-9 所示轮系，已知 $z_1=2$，$z_2=60$，$z_3=20$，$z_4=40$，$z_5=16$，$z_6=48$，$n_1=720\text{r/min}$，齿轮 1 为主动件。求传动比 i_{16}，蜗轮的转速 n_4 及各轮的转向。

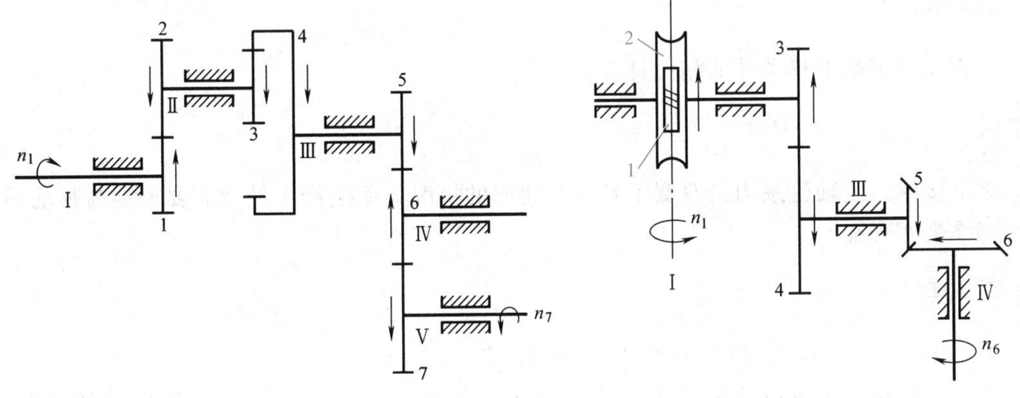

图 6-8　定轴轮系 1　　图 6-9　定轴轮系 2

解：各轮的转向，如图 6-9 中箭头所示。

$$i_{16}=\frac{n_1}{n_6}=\frac{z_2z_4z_6}{z_1z_3z_5}=\frac{60\times40\times48}{2\times20\times16}=180$$

$$n_6=\frac{n_1}{i_{14}}=\frac{720}{180}\text{r/min}=4\text{r/min}$$

3. 惰轮的作用

在轮系中有种齿轮既是从动轮又是主动轮，对总传动比毫无影响，但却起到了改变齿轮副中从动轮回转方向的作用，像这样的齿轮称为惰轮。

由图 6-10a 可以看出，齿轮 2 同时与齿轮 1 和齿轮 3 相啮合。对于齿轮 1 而言，齿轮 2 是从动轮；对于齿轮 3 而言，齿轮 2 又是主动轮。齿轮 2 的作用仅仅是改变轮系的转向，而其齿数的多少并不影响该轮系传动比的大小，齿轮 2 即为惰轮。

惰轮常用于传动距离稍远和需要改变转向的场合。在齿轮副的主、从动轮之间每增加一个惰轮，从动轮回转方向就改变一次（图 6-10b）。

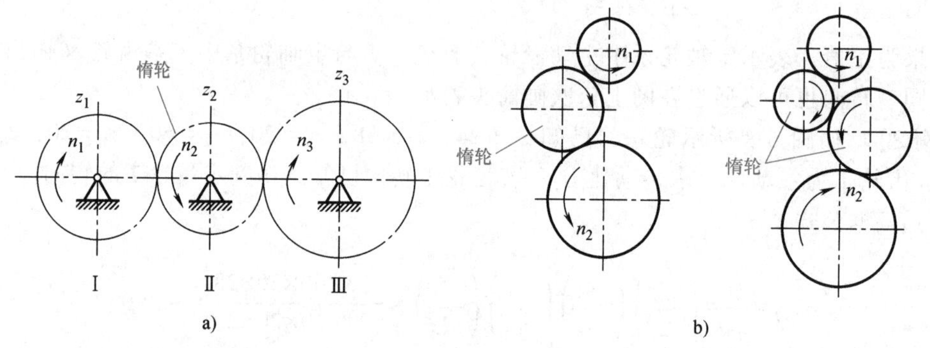

图 6-10　加惰轮的轮系

第二节　定轴轮系相关计算

【学习目标】

掌握轮系末端带移动件的相关计算。

【知识导入】

之前接触的定轴轮系均是改变了转速及转向的情况，而生产中经常需要末端为移动的传动，怎么来实现呢?

【学习内容】

一、定轴轮系中任意从动轮转速的计算

设定轴轮系中各级齿轮副的主动轮齿数分别为 z_1、z_3、z_5、……从动轮齿数分别为 z_2、z_4、z_6、……第 k 个齿轮为从动轮，齿数为 z_k。根据传动比公式，传动比大小为

$$i_{1k}=\frac{n_1}{n_k}=\frac{z_2z_4z_6\cdots z_k}{z_1z_3z_5\cdots z_{k-1}}$$

则定轴轮系中任意从动轮 k 的转速大小为

$$n_k=n_1\frac{1}{i_{1k}}=n_1\frac{z_1z_3z_5\cdots z_{k-1}}{z_2z_4z_6\cdots z_k}$$

即任意从动轮 k 的转速等于首轮的转速乘以首轮与 k 轮间传动比的倒数。

图 6-11 所示为一定轴轮系变速机构，通过改变轮系中一个三联滑移齿轮 6-7-8 的啮合位置，改变轮系的传动比，以满足从动轮（轴）的有级变速要求。变速机构中，轴Ⅰ和轴Ⅱ间的传动比 $i_{ⅠⅡ}$ 只有 z_2/z_1 一个，轴Ⅱ和轴Ⅲ间的传动比 $i_{ⅡⅢ}$ 有 z_6/z_5、z_7/z_4、z_8/z_3 三个，因此轴Ⅲ可以有三种不同的回转速度；轴Ⅲ和轴Ⅳ间的传动比 $i_{ⅢⅣ}$ 也只有 z_{10}/z_9 一个，因此轴Ⅳ也可以得到三种不同的回转速度。

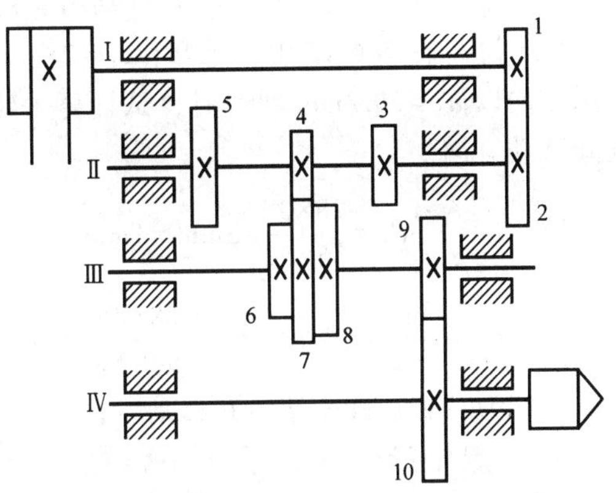

图 6-11 滑移齿轮变速机构

【例 1】 如图 6-11 所示的定轴轮系，已知：$z_1=26$，$z_2=51$，$z_3=42$，$z_4=29$，$z_5=49$，$z_6=36$，$z_7=56$，$z_8=43$，$z_9=30$，$z_{10}=90$，轴Ⅰ转速 $n_1=200\text{r/min}$。试求当轴Ⅲ上的三联齿轮分别与轴Ⅱ上的三个齿轮啮合时，轴Ⅳ的三种转速。

解：（1）齿轮 5、6 啮合时

$$n_{Ⅳ}=n_1\frac{z_1z_5z_9}{z_2z_6z_{10}}=200\times\frac{26\times49\times30}{51\times36\times90}\text{r/min}=42.26\text{r/min}$$

（2）齿轮 4、7 啮合时

$$n_{Ⅳ}=n_1\frac{z_1z_4z_9}{z_2z_7z_{10}}=200\times\frac{26\times29\times30}{51\times56\times90}\text{r/min}=17.60\text{r/min}$$

（3）齿轮 3、8 啮合时

$$n_{Ⅳ}=n_1\frac{z_1z_3z_9}{z_2z_8z_{10}}=200\times\frac{26\times42\times30}{51\times43\times90}\text{r/min}=33.20\text{r/min}$$

二、定轴轮系末端是螺旋传动的计算

定轴轮系在实际应用中，经常遇到末端带有移动件的情况，如末端是螺旋传动或齿轮齿条传动等。这时，一般要计算末端移动件的移动距离或速度，如螺母（或丝杠）、齿轮（或齿条）的移动距离或速度。

图 6-12 所示为磨床砂轮架进给机构，它的末端是螺旋传动。当丝杠每回转一周，螺母（砂轮架）便移动一个导程。只要知道齿轮 4 的转速 n_4 和回转方向，螺母移动的距离和方向即可确定。其移动距离和速度计算公式为

$$L=\frac{z_1z_3z_5\cdots z_{k-1}}{z_2z_4z_6\cdots z_k}P_h$$

$$v=n_kP_h=n_1\frac{z_1z_3z_5\cdots z_{k-1}}{z_2z_4z_6\cdots z_k}P_h$$

式中 L——主动轮 1（即手轮）每回转一周，螺母（砂轮架）的移动距离（mm）；

v——螺母（砂轮架）的移动速度（mm/min）；

P_h——丝杠导程（mm）；

n_1——主动轮（手轮）转速（r/min）；

z_1、z_3、z_5、…、z_{k-1}——轮系中各主动齿轮的齿数；

z_2、z_4、z_6、…、z_k——轮系中各从动齿轮的齿数。

【例 2】 在图 6-12 中，已知：$z_1=28$，$z_2=56$，$z_3=38$，$z_4=57$，丝杠 Tr50×3。当手轮按图示方向以 $n_1=50$r/min 回转时，试计算手轮回转 1 周砂轮架移动的距离、砂轮架的移动速度和移动方向。

解： $L=\frac{z_1z_3}{z_2z_4}P_h=\frac{28\times38}{56\times57}\times3\text{mm}=1\text{mm}$

$$v=n_1\frac{z_1z_3}{z_2z_4}P_h=50\text{r/min}\times\frac{28\times38}{56\times57}\times3\text{mm}=50\text{mm/min}$$

丝杠为右旋，砂轮架向右移动（图 6-12）。

三、定轴轮系末端是齿条传动的计算

如图 6-13 所示，末端件是齿轮齿条，它可以把主动件的回转运动变为直线运动。

齿条传动的移动速度 v 和输入轴每回转一周的移动距离 L 分别用下式计算

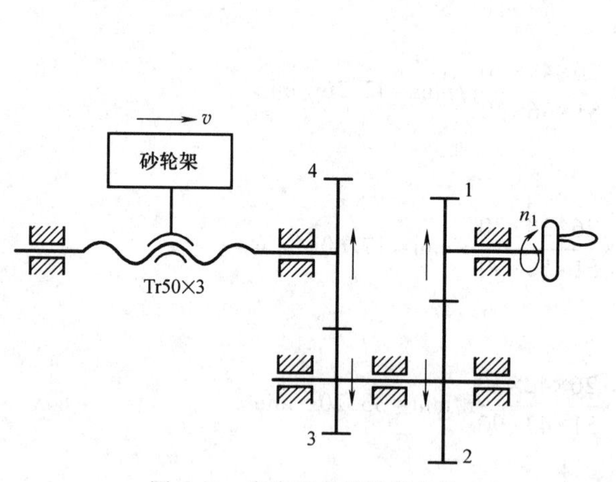

图 6-12 磨床砂轮架进给机构

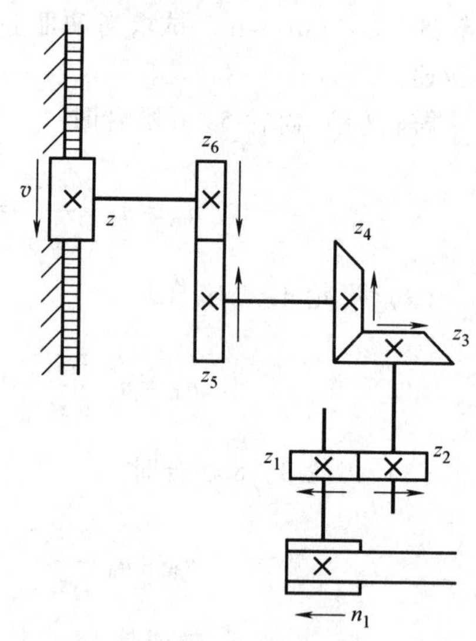

图 6-13 简易机床溜板箱传动系统

$$v=n_k\pi mz=n_1\frac{z_1z_3z_5\cdots z_{k-1}}{z_2z_4z_6\cdots z_k}\pi mz$$

$$L=\frac{z_1z_3z_5\cdots z_{k-1}}{z_2z_4z_6\cdots z_k}\pi mz$$

式中 v——齿轮沿齿条的移动速度（mm/min）；

L——输入轴每回转一周，齿轮沿齿条的移动距离（mm）；

n_1——输入轴转速（r/min）；

z_1、z_3、z_5、…、z_{k-1}——轮系中各主动齿轮的齿数；
z_2、z_4、z_6、…、z_k——轮系中各从动齿轮的齿数；
m——齿轮齿条副中齿轮的模数（mm）；
z——齿轮齿条副中齿轮的齿数。

【本章习题】

一、选择题

1. 下列关于轮系说法正确的是（　　）。

A. 不能获得很大的传动比　B. 不适宜作较远距离的传动
C. 可以实现运动的合成但不能分解运动　D. 可以实现变向和变速要求

2. 定轴轮系的传动比与轮系中惰轮的齿数（　　）。

A. 有关　B. 无关　C. 成正比　D. 成反比

3. 根据轮系运转时，各齿轮的几何轴线在空间的相对位置是否固定，轮系分为（　　）。

A. 定轴轮系和空间轮系
B. 定轴轮系和周转轮系
C. 定轴轮系和平面轮系
D. 空间轮系和平面轮系

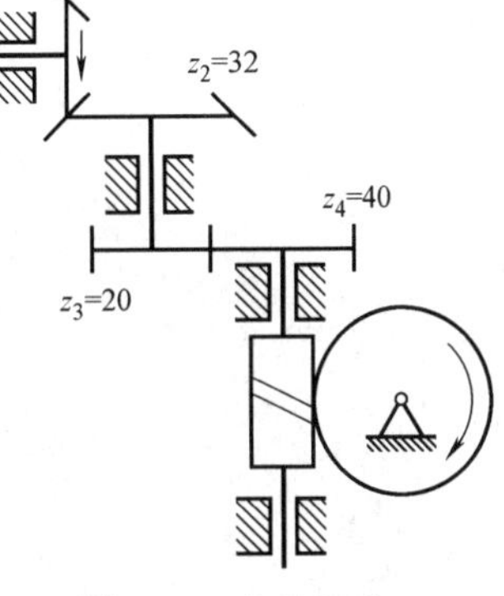

图 6-14　定轴轮系

4. 定轴齿轮传动系统如图 6-14 所示，其双头蜗杆带动 40 齿的蜗轮，若输入转速为 1600r/min，则输出转速为（　　）。

A. 20r/min　B. 40r/min
C. 80r/min　D. 200r/min

5. 所有齿轮几何轴线的位置都固定的轮系称为（　　），至少有一个齿轮的几何轴线绕位置固定的另一齿轮的几何轴线转动的轮系，称为（　　）。

A. 定轴轮系　B. 周转轮系　C. 平面轮系　D. 空间轮系

二、计算题

1. 在图 6-15 所示的车床溜板箱进给刻度盘轮系中，运动由齿轮 1 输入，由齿轮 5 输出。已知各齿轮齿数为 $z_1=18$，$z_2=80$，$z_3=28$，$z_4=20$，$z_5=84$。试计算轮系的传动比 i_{15}。

2. 如图 6-16 所示定轴轮系中，已知 $n_1=1440$r/min，各齿轮齿数为 $z_1=z_3=z_7=z_9=18$，$z_2=36$，$z_4=54$，$z_5=15$，$z_6=30$，$z_8=36$。求：(1) 轮系中哪一个齿轮是惰轮？(2) 末轮转速 n_9 是多少？(3) 用箭头在图上标出各齿轮的回转方向。

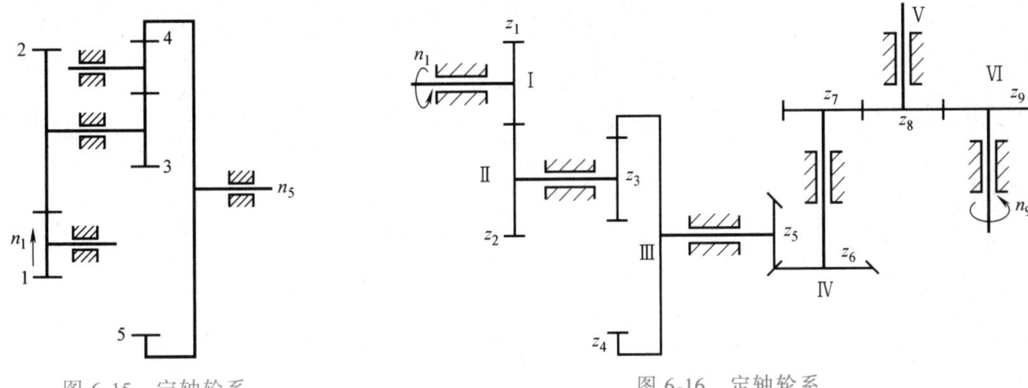

图 6-15　定轴轮系　　图 6-16　定轴轮系

3. 图 6-17 所示为提升装置，其中各齿轮齿数为 $z_1=20$，$z_2=80$，$z_3=25$，$z_4=30$，$z_5=1$，$z_6=40$。求：传动比 i_{16} 并判断蜗轮 6 的回转方向。

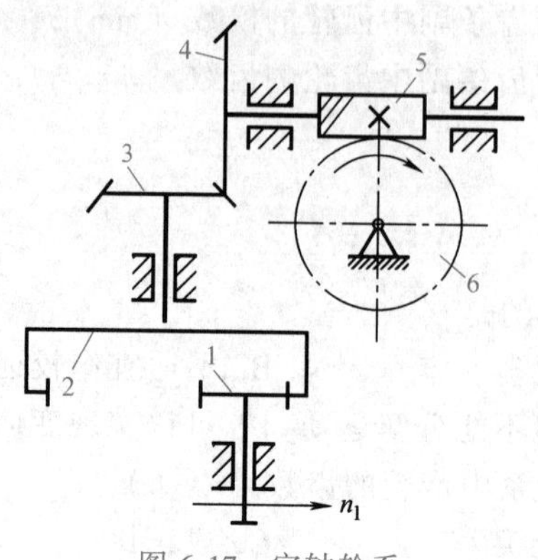

图 6-17　定轴轮系

第七章　平面连杆机构

第一节　铰链四杆机构的组成和分类

【学习目标】

1. 了解运动副的概念。
2. 掌握铰链四杆机构的组成和分类。
3. 了解铰链四杆机构的应用场合。

【知识导入】

生活中大家会发现车辆前风窗玻璃上有刮水器，下雨的时候，刮水器来回摆动，把雨水刮走，保证驾驶人视线能安全开车。观察如图 7-1 所示的汽车刮水器，我们发现：电动机通过蜗轮和蜗杆带动拉杆运动，驱动摆杆和刮臂摆动，最终由刮水片完成汽车风窗玻璃上雨水的清除工作。那么摆杆和刮臂到底是如何工作的呢？这些杆件又有何特点？还有哪些地方可以使用此类机构呢？

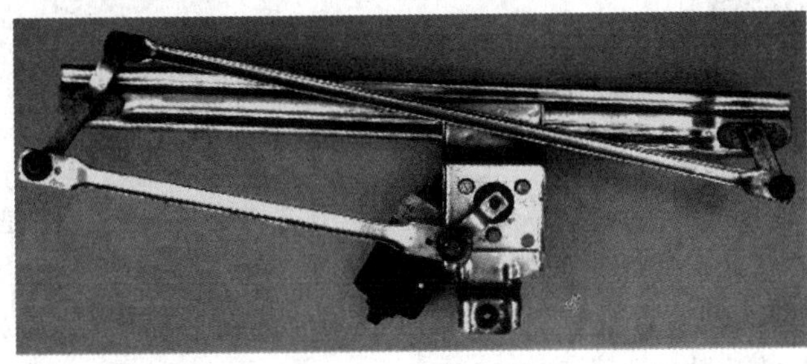

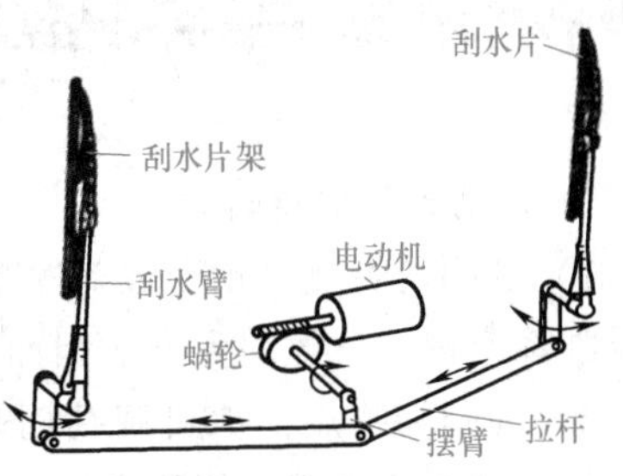

图 7-1　汽车刮水器

【学习内容】

一、运动副

构件组成机器时，必须将各构件以可以运动的方式连接起来。两构件直接接触而又能产生一定形式相对运动的可动连接，称为运动副。例如图 7-1 实例中摇臂和拉杆之间、刮臂和刮水片之间的连接都是运动副。除了上面的例子，生活中也有许多地方应用了运动副。

1. 运动副及其分类

根据两构件之间的接触情况不同，可以把运动副分为低副和高副两类。

（1）低副　两构件之间是面接触的运动副称为低副。按两构件之间的相对运动不同，低副又分为转动副、移动副和螺旋副。如图 7-2 所示，生活中木门上的合页能让门绕着门框开合，两构件之间只允许作相对转动的运动副称为转动副；打气筒工作时，活塞可以沿着缸筒上下移动，两构件之间只允许作相对移动的运动副称为移动副；车用螺旋千斤顶在工作时，两构件只能沿轴线作相对螺旋运动，这样的运动副称为螺旋副。

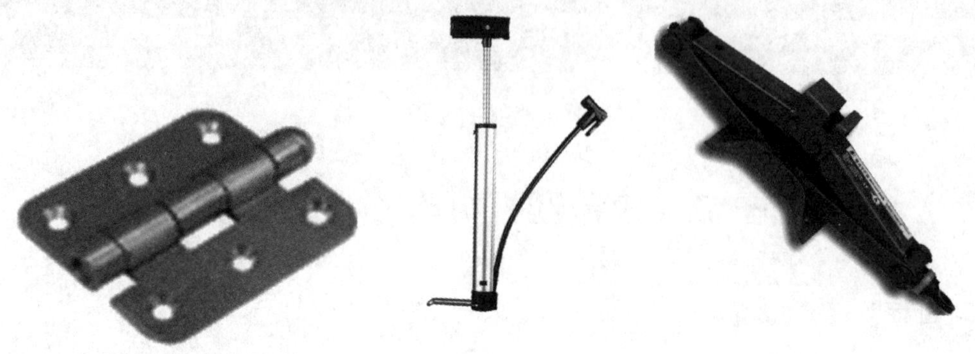

图 7-2　低副的分类

（2）高副　两构件之间是点或线接触的运动副称为高副。生产生活中常用的高副有滚动轮接触、齿轮接触、凸轮接触等（图 7-3）。

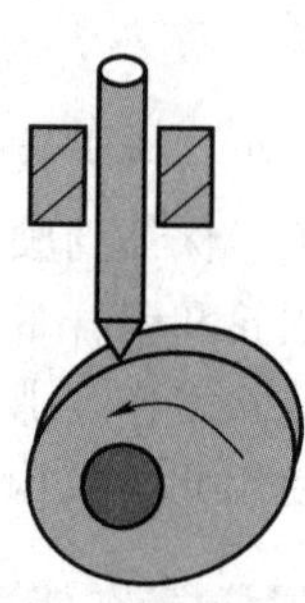

图 7-3　高副的分类

2. 运动副的应用特点

1）低副的特点：承受载荷时单位面积压力较小，所以比较耐用，传力性能好。但是低副是滑动摩擦，摩擦损失大，因而效率低。低副是面接触，不能传递较复杂运动。

2）高副的特点：承受载荷时单位面积压力大较大，效率较高。高副两接触处容易磨损，制造和维修困难，能传递较复杂的运动。

3. 低副机构和高副机构

机构中所有的运动副都是低副的机构称为低副机构；机构中至少有一个运动副是高副的机构称为高副机构。

二、铰链四杆机构的组成

平面连杆机构是由一些刚性构件用转动副或移动副相互连接而成，在同一平面或相互平行平面内运动的机构。平面连杆机构中的运动副都是低副，因此平面连杆机构是低副机构。平面连杆机构能够实现较为复杂的平面运动，在生产和生活中广泛用于动力的传递或改变运动形式，例如前面提过的刮水器机构。

组成平面连杆机构的构件大多数是形状简单的杆状，因此各构件习惯称为杆。最常用的是具有四个构件（包括机架）的低副机构，称为平面四杆机构。

构件间以四个转动副相连的平面四杆机构称为平面铰链四杆机构，简称铰链四杆机构。铰链四杆机构是平面四杆机构的基本形式，也是其他多杆机构的基础。除了在工程中应用广泛，如常用的挖掘机、采油机（俗称磕头机）等，生活中也有许多地方都应用到了铰链四杆机构。

在图 7-4 所示的铰链四杆机构中，固定不动的构件 4 称为机架，不与机架直接相连的构件 2 为连杆，与机架相连的构件 1、3 称为连架杆，如果连架杆能作整周旋转称为曲柄。如果连架杆仅能在某一角度（小于 180°）范围内摇摆，称为摇杆。

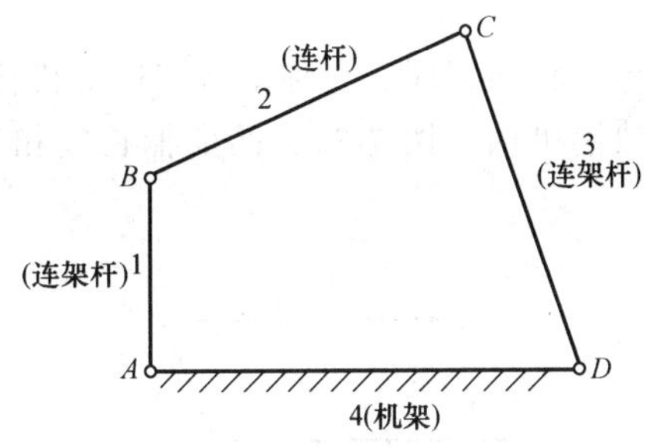

图 7-4　铰链四杆机构

三、铰链四杆机构的基本类型及应用

按两连架杆运动形式不同，铰链四杆机构分为曲柄摇杆机构、双曲柄机构和双摇杆机构三种基本类型。

1. 曲柄摇杆机构

具有一个曲柄和一个摇杆的铰链四杆机构称为曲柄摇杆机构。前面提到的汽车刮水器就应用到了曲柄摇杆机构。如图 7-5 所示，主动曲柄 AB 回转，从动摇杆 CD 作往复摆动，利用摇杆的延长部分实现刮水动作。生活中使用的缝纫机脚踏板机构也应用到了此机构，取摇杆为主动件，可以使摇杆的往复摆动转换成从动件曲柄的整周回转运动。

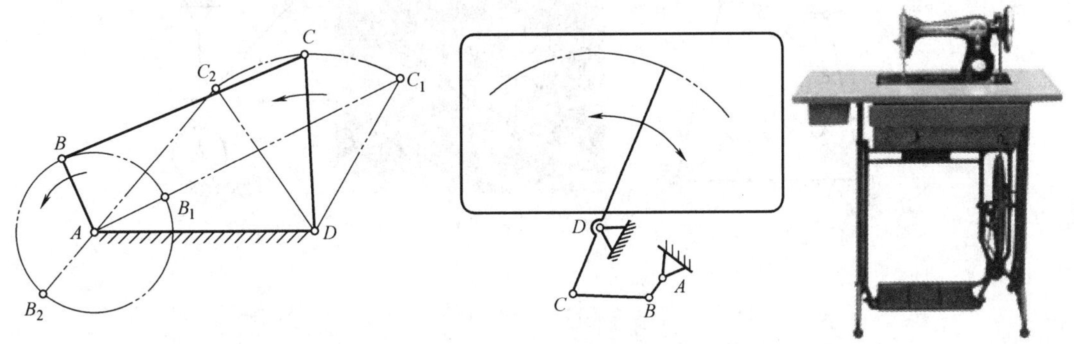

图 7-5　曲柄摇杆机构

2. 双曲柄机构

具有两个曲柄的铰链四杆机构称为双曲柄机构。常见的双曲柄机构有两种：不等长双曲柄机构和等长双曲柄机构。两曲柄长度不相等的称为不等长双曲柄机构。图 7-6 所示的惯性筛，是生产实践中的典型例子。主动曲柄 AB 作匀速转动，从动曲柄 CD 作变速转动，通过构件 CE 使筛子产生变速直线运动，筛子内的物料因惯性来回抖动。

两曲柄相等的双曲柄机构又分为两种情况：一种是平行双曲柄机构（图 7-7）：两曲柄

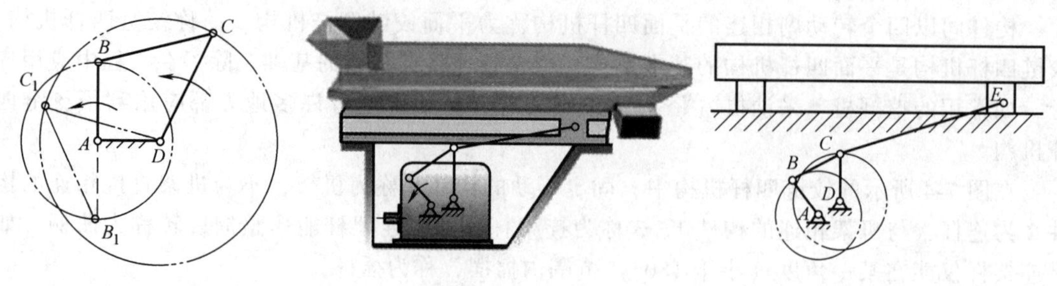

图 7-6　双曲柄机构

长度相等，转向相同，又称平行四边形机构，生活中的天平就是应用了此种机构；另一种是反向双曲柄机构（图 7-8），两曲柄长度相等，转向相反，在一些公交汽车车门启闭机构中应用。

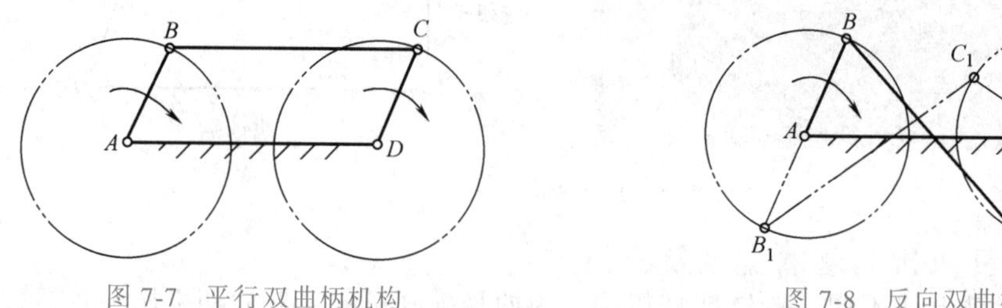

图 7-7　平行双曲柄机构　　图 7-8　反向双曲柄机构

3. 双摇杆机构

具有两个摇杆的铰链四杆机构称为双摇杆机构。机构中的两个连架杆都可以分别作为主动件，连杆与摇杆共线时有一个极限位置。图 7-9 所示为飞机起落架机构，飞机着陆前，需要将机轮从机身中放出来；起飞后，为了减少空气阻力，需要将机轮收回去。这些动作的实现应用了双摇杆机构，通过主动摇杆 *CD* 通过连杆 *BC*、从动摇杆 *AB* 来控制。

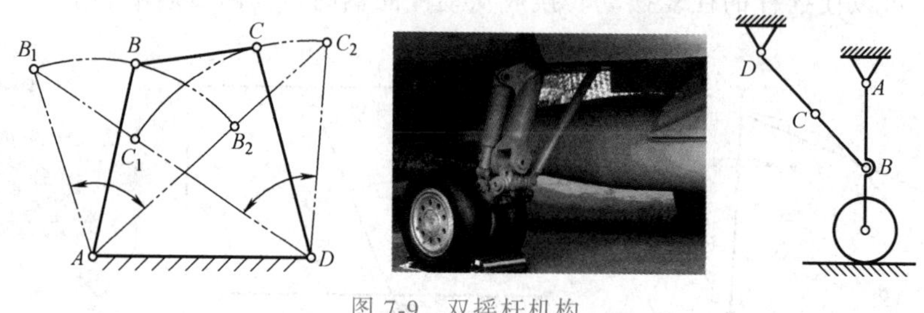

图 7-9　双摇杆机构

第二节　铰链四杆机构的基本性质

【学习目标】

1. 了解铰链四杆机构中曲柄存在的条件。
2. 了解急回特性和死点位置的相关知识。

【知识引入】

上节我们了解了铰链四杆机构的类型，那么它又有什么特性呢？下面我们来了解一下。

【学习内容】

一、曲柄存在的条件

铰链四杆机构中是否能有作整周旋转的构件，取决于各构件的长度之间的关系，这就是所谓的曲柄存在条件。铰链四杆机构中要想有曲柄存在，必须满足下列两个条件：一是最短杆和最长杆长度之和小于或等于其余两杆长度之和；二是最短杆必须做机架或是连架杆。根据曲柄存在条件，得出判断铰链四杆机构中是否有曲柄的四条推论。

1）最短杆和最长杆长度之和小于或等于其余两杆长度之和时，最短杆作为连架杆，有一个曲柄，即为曲柄摇杆机构。

2）最短杆和最长杆长度之和小于或等于其余两杆长度之和时，最短杆作为机架，有两个曲柄，即为双曲柄机构。

3）最短杆和最长杆长度之和小于或等于其余两杆长度之和时，最短杆作为连杆，没有曲柄，两个连架杆都是摇杆，所以机构是双摇杆机构。

4）最短杆和最长杆长度之和大于其余两杆长度之和时，机构中没有曲柄，无论取谁作为机架，都是双摇杆机构。

可参考图 7-10 练习一下，也可以自己任意给数据练习。

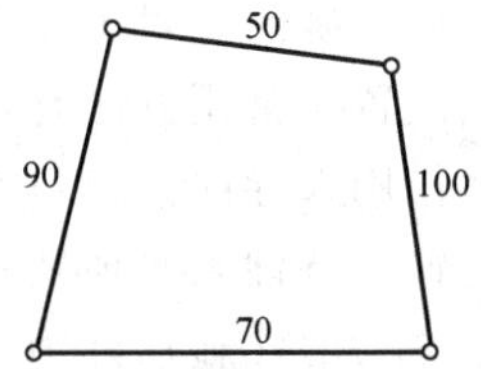

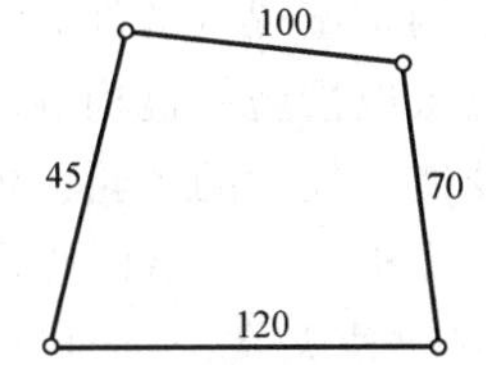

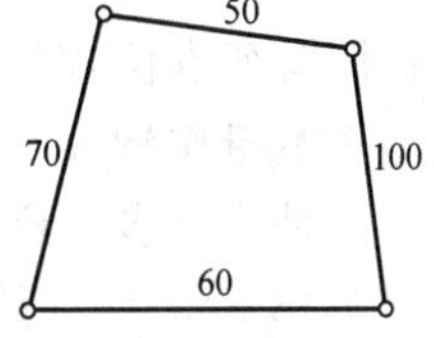

图 7-10　曲柄存在条件的练习

二、急回特性

图 7-11 所示的曲柄摇杆机构中，曲柄 AB 作为主动件匀速整周回转时，从动件摇杆 CD 在两个极限位置限定的角度内往复摆动。自 AB_1 回转到 AB_2 即转过角度 φ_1 时，摇杆 CD 自 C_1D（右端极限位置）摆动到 C_2D（左端极限位置），摆动角度为 ψ，设 C 点的平均线速度为 v_1，所需时间为 t_1；当曲柄 AB 继续由 AB_2 回转到 AB_1，转过角度 φ_2 时，摇杆 CD 自 C_2D 摆回到 C_1D，摆动角度仍为 ψ，设 C 点的平均线速度为 v_2，所需时间为 t_2。由图不难看出，$\varphi_1>\varphi_2$，所以 $t_1>t_2$，即 $v_2>v_1$，即曲柄在作等速转动时，摇杆在某一范围内作一定摆角的往复摆动，且往复两次摆动所用时间不等，平均速度也不相同。通常摇杆由 C_1D 摆动到 C_2D 的过程被用作机构中从动件的工作过程，摇杆由 C_2D 摆动到 C_1D 的过程作为从动件的空回行程。

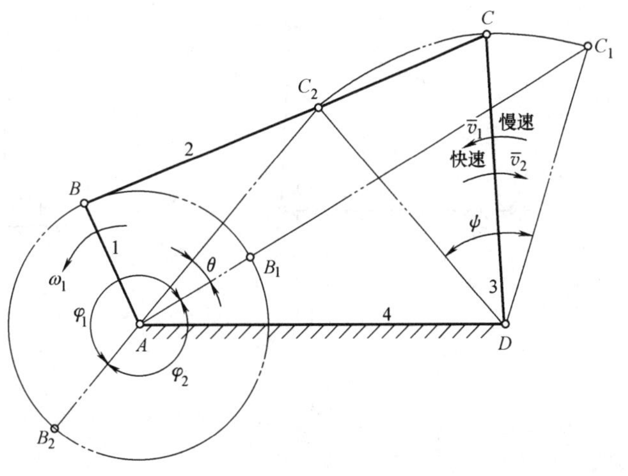

图 7-11　曲柄摇杆机构的急回特性

空回行程时的平均速度大于工作行程时的平均速度，机构的这种性质称为急回特性。

有急回特性的机构可以使空回行程的时间缩短，有利于提高生产率。

机构的急回特性用急回特性系数 K（又称行程速度变化系数）表示。

$$K=\frac{\text{从动件空回行程平均速度}}{\text{从动件工作行程平均速度}}=\frac{v_2}{v_1}=\frac{t_1}{t_2}=\frac{\varphi_1}{\varphi_2}=\frac{180°+\theta}{180°-\theta}$$

式中 K——急回特性系数；

θ——极位夹角，摇杆位于两极限位置时曲柄所夹的锐角（°）。

由上式可得：机构有无急回特性，取决于急回特性系数 K。K 值越大，急回特性越显著，也就是从动件回程越快；$K=1$ 时，机构无急回特性。急回特性系数 K 与极位夹角 θ 有关，$\theta=0°$，$K=1$，机构无急回特性。

三、死点位置

在铰链四杆机构中，当连杆与从动件处于共线位置时，如不计各运动副中的摩擦和各杆件的质量，则主动件通过连杆传给从动件的驱动力必通过从动件铰链的中心，也就是说驱动力对从动件的回转力矩等于零。此时，无论施加多大的力，均不能使从动件转动，且转向也不能确定。把机构中从动件和连杆共线的位置称为死点位置。图 7-12 所示的曲柄摇杆机构中，取摇杆为主动件、曲柄为从动件时，当摇杆处于两极限位置时，连杆与从动曲柄出现两次共线，这两个位置就是死点位置。

实际应用中，在死点位置时，机构常出现从动件无法运动或运动不确定。对于传动机构来说，机构有死点位置是不利的，应采取措施使机构顺利通过死点位置。常用方法有：一是利用从动件本身质量或附加一个转动惯量较大的飞轮，依靠其惯性作用来导向；二是增设辅助构件；三是采取多组机构错列等。在工程上，有时也利用死点位置的特性来实现某些工作要求。图 7-13 所示为一种钻床连杆式快速夹具。当通过手柄 2（连杆 BC）施加外力 F，使连杆 BC 与连架杆 CD 成一条直线时，构件连架杆 AB 的左端夹紧工件 1，撤去手柄上的外力后，工件对连架杆 AB 的弹力 T 因机构处于死点位置而使其不能转动，从而保证了工件的可靠夹紧。当需要松开工件时，则必须向上扳动手柄，使机构脱出死点位置。

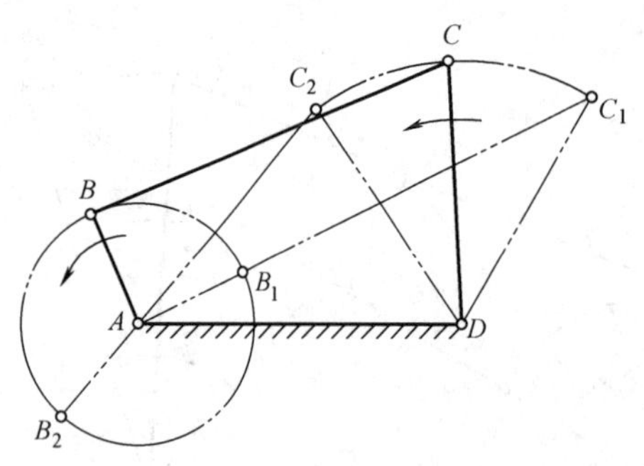

图 7-12 曲柄摇杆机构的死点位置

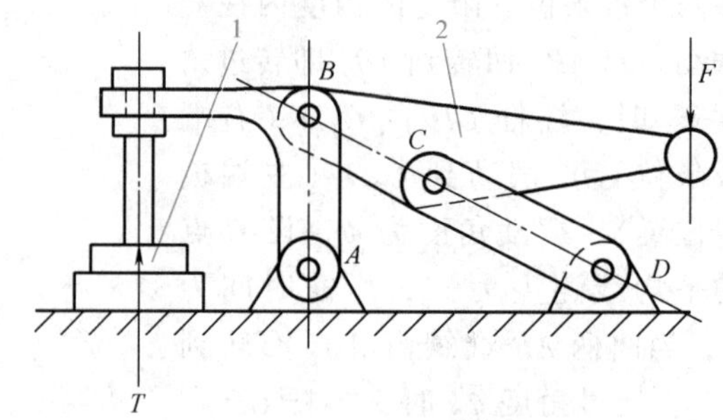

图 7-13 钻床连杆式快速夹具

第三节 铰链四杆机构的演化

【学习目标】

1. 掌握曲柄摇杆机构的工作原理。
2. 了解曲柄滑块机构的工作原理。

【知识导入】

实际生产中，除了前面讲过的铰链四杆机构基本类型外，还有许多由它们演化出来的其他形式的四杆机构。它们都可以由曲柄摇杆机构改变固定构件、改变某些构件的形状或是改变杆的长度演化而来。

【学习内容】

一、曲柄摇杆机构的演化——曲柄滑块机构

（1）定义　曲柄滑块机构是具有一个曲柄和一个滑块的平面四杆机构，是由曲柄摇杆机构演化而来的。如图 7-14 所示，当图 7-5 中的摇杆 CD 的长度趋向无穷大时，原来沿圆弧往复运动的 C 点变成沿直线的往复移动，也就是摇杆变成了沿导轨往复运动的滑块，曲柄摇杆机构也就演化为曲柄滑块机构。

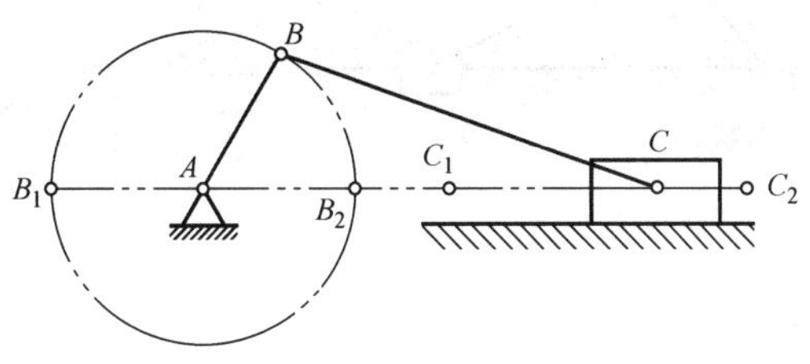

图 7-14　曲柄滑块机构

（2）运动特点　曲柄连续整周回转与滑块作往复直线运动可以相互转换。

1）若取曲柄 AB 为主动件，并作连续整周回转时，通过连杆 BC 可以带动滑块 C 作往复直线运动，滑块 C 移动的距离 H 等于曲柄长度的两倍。

2）若取滑块 C 为主动件，当滑块作往复直线运动时，通过连杆 BC 可以带动曲柄 AB 作整周回转，逆时存在两个死点位置，需要采取相应措施。

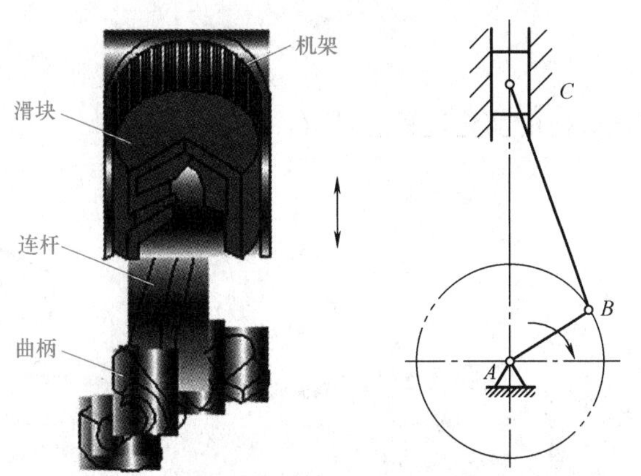

图 7-15　单缸内燃机

以图 7-15 所示单缸内燃机为例分析曲柄滑块机构。

活塞的往复直线运动通过连杆转换成曲轴的连续回转运动。由于滑块为主动件，该机构存在两个死点位置（俗称上死点和下死点）。通常采用附加飞轮，利用惯性来使曲轴顺利通过死点位置。

二、曲柄滑块机构的演化——导杆机构

导杆机构是通过改变曲柄滑块的固定件演变来的。导杆：指机构中与另一运动构件组成移动副的构件。导杆机构：连架杆中至少有一个构件为导杆的平面四杆机构。

图 7-16a 所示为曲柄滑块机构，图 7-16b 所示为导杆机构，其中的摆动导杆机构应用在牛头刨床的主运动机构上，主动件等速回转，从动件往复摆动，带动滑枕往复直线运动；

转动导杆机构在简易刨床上应用，主动件整周旋转时，通过滑块带动导杆旋转。图 7-16c 所示为曲柄摇块机构，在自卸汽车卸料机构上应用；图 7-16d 所示为移动导杆机构，在手动抽水机上应用。

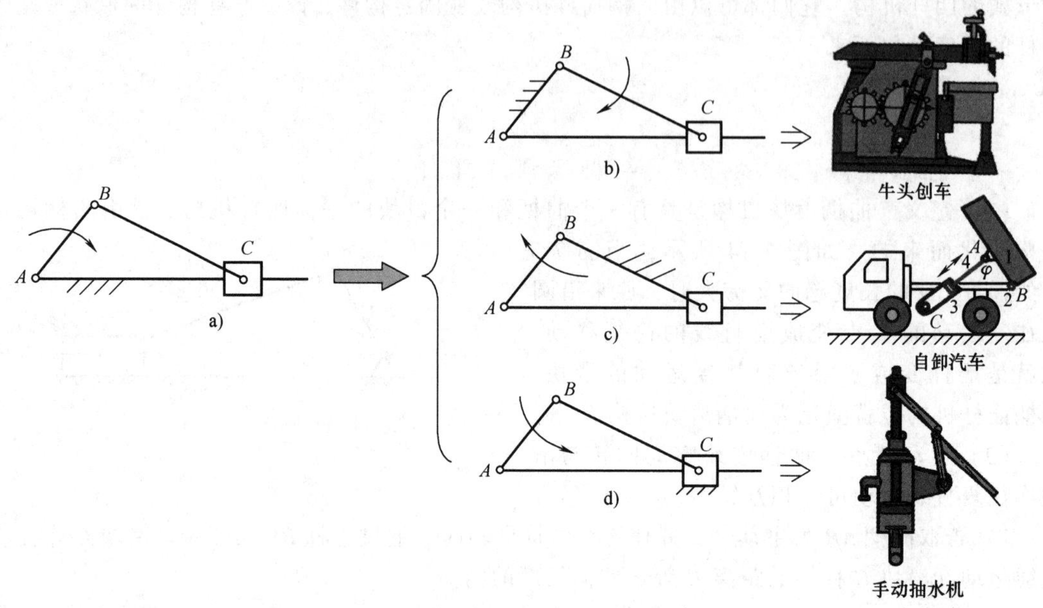

图 7-16　导杆机构的演变

【知识拓展】

铰链四杆机构演化机构的演化过程总结（图 7-17）。

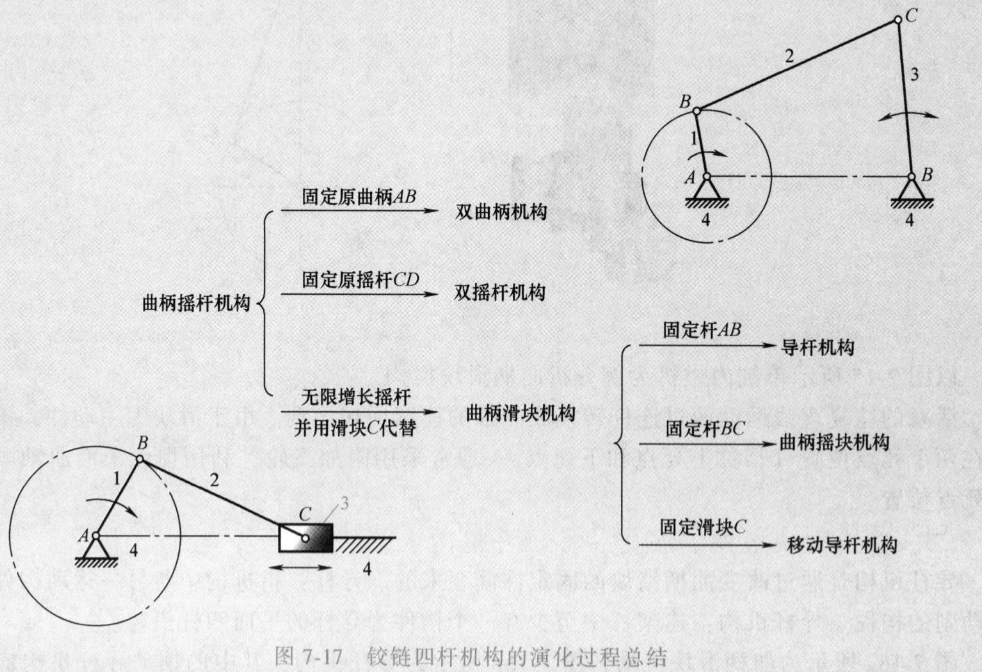

- 曲柄摇杆机构
  - 固定原曲柄AB → 双曲柄机构
  - 固定原摇杆CD → 双摇杆机构
  - 无限增长摇杆并用滑块C代替 → 曲柄滑块机构
    - 固定杆AB → 导杆机构
    - 固定杆BC → 曲柄摇块机构
    - 固定滑块C → 移动导杆机构

图 7-17　铰链四杆机构的演化过程总结

【本章习题】

一、选择题

1. 铰链四杆机构中，各构件之间以（ ）相连接。

A. 转动副 B. 移动副 C. 螺旋副

2. 雷达天线俯仰角摆动机构采用的是（ ）机构。

A. 双摇杆 B. 双曲柄 C. 曲柄摇杆

3. 在铰链四杆机构中，不与机架直接连接，且作平面运动的杆件称为（ ）。

A. 摇杆 B. 曲柄 C. 连杆

4. 在铰链四杆机构中，能相对机架作整圈旋转的连架杆称为（ ）。

A. 摇杆 B. 曲柄 C. 连杆

5. 平行双曲柄机构中的两曲柄（ ）。

A. 长度相等，旋转方向相同 B. 长度不相等，旋转方向相反

C. 长度相等，旋转方向相反

6. 不等长双曲柄机构中，（ ）长度最短。

A. 曲柄 B. 机架 C. 连杆

7. 曲柄摇杆机构中，曲柄作等速转动时，摇杆摆动时空回行程的平均速度大于工作行程时的平均速度，这种性质称为（ ）。

A. 死点位置 B. 机构的运动不确定性 C. 机构的急回特性

8. 曲柄摇杆机构中，以（ ）为主动件，连杆与（ ）处于共线位置时，该位置称为死点位置。

A. 曲柄 B. 摇杆 C. 机架

9. 对于缝纫机的踏板机构，以下说法不正确的是（ ）。

A. 应用了曲柄摇杆机构，且摇杆为主动件 B. 利用飞轮帮助其克服死点位置

C. 踏板相当于曲柄摇杆机构中的曲柄

10. 当曲柄摇杆机构出现死点位置时，可在从动曲柄上（ ），使其顺利通过死点位置。

A. 加大主动力 B. 加设飞轮 C. 减少阻力

11. 压力机采用的是（ ）机构。

A. 移动导杆 B. 曲柄滑块 C. 摆动导杆

12. 曲柄滑块机构中，若机构存在死点位置，则主动件为（ ）。

A. 连杆 B. 机架 C. 滑块

13. 在曲柄滑块机构中，往往用一个偏心轮代替（ ）。

A. 滑块 B. 机架 C. 曲柄

14. 在曲柄摇杆机构中，若以摇杆为主动件，则在死点位置时，曲柄的瞬时运动方向是（ ）。

A. 按原方向运动 B. 按原运动方向的反方向运动

C. 不确定

二、判断题

1. 在曲柄长度不相等的双曲柄机构中，主动曲柄作等速转动，从动曲柄作变速转动。（ ）

2. 平面连杆机构是用若干构件以高副连接而成的机构。 ( )
3. 实际生产中，常利用急回运动这个特征来节省非工作时间，提高生产效率。 ( )
4. 牛头刨床中刨刀的退刀速度大于其切削速度，就是应用了急回特性原理。 ( )
5. 曲柄滑块机构是由曲柄摇杆机构演化而来的。 ( )
6. 自卸汽车卸料装置为曲柄滑块机构的应用实例。 ( )

三、简答题

1. 铰链四杆机构中是否有曲柄的四条推论？
2. 什么叫急回特性？急回特性存在的条件？
3. 什么叫死点位置？可采用哪些措施度过死点位置？

第八章　凸轮机构

在很多机械中，要求从动件的运动有特殊性，此时可采用凸轮机构来实现。凸轮机构在生产生活中应用得非常广泛，特别是在自动机械、自动控制装置和装配生产线上都有广泛应用。例如，汽车、数控加工机床中都用到凸轮机构。图 8-1 所示的多缸内燃机配气机构工作时，匀速回转的凸轮迫使气门往复移动，以使气口开启或关闭；通过多个凸轮的协调动作，控制着各个气缸按预定规律完成进气和排气的工作循环。

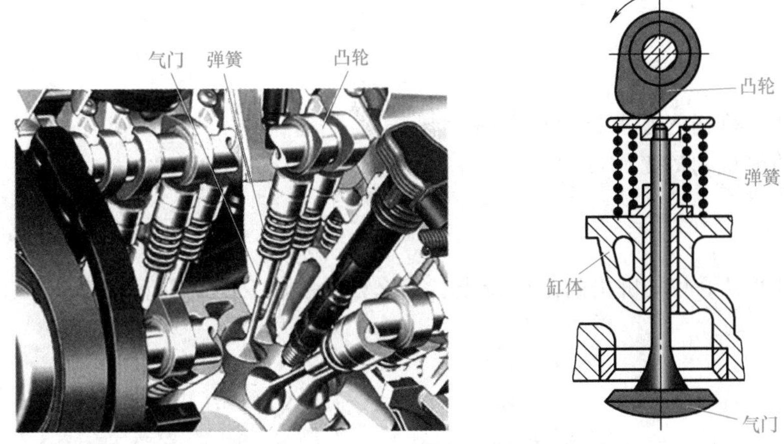

图 8-1　多缸内燃机配气机构

第一节　凸轮机构概述

【学习目标】

1. 了解凸轮机构的基本组成。
2. 了解凸轮机构的应用。

【知识导入】

应用广泛的凸轮机构是由哪几部分组成的？其又有什么特点呢？下面我们来学习。

【学习内容】

一、凸轮机构的基本组成

1）凸轮是具有曲线或曲面轮廓且作为高副元素的构件。

2）凸轮机构：含有凸轮的机构。

3）凸轮机构的组成：图8-2所示凸轮机构，主要由凸轮、从动件和机架组成。通常凸轮作主动件并等速回转或移动，借助其曲线轮廓（或凹槽）使从动件作相应的运动（摆动或移动）。

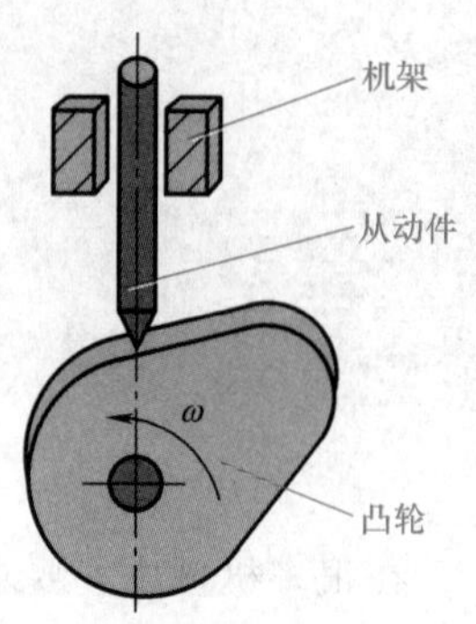

图8-2　凸轮机构

二、凸轮机构的应用特点

1）可以用在对从动件运动规律要求严格的场合，也可以根据实际需要任意规定从动件的运动规律。

2）结构简单、工作可靠。

3）可以高速起动，动作准确可靠。

4）容易磨损，寿命低。

5）能传递较复杂的运动，但精确分析和设计凸轮的轮廓曲线较困难，制造和维修较困难。

第二节　凸轮机构的类型

【学习目标】

1. 了解凸轮机构的基本类型和应用特点。
2. 了解凸轮机构的工作过程。

【知识导入】

上节我们了解了凸轮机构的组成特点，那么凸轮机构又分为几种类型，其工作过程又是怎样的呢？

【学习内容】

一、凸轮机构的基本类型和应用特点

1. 按凸轮的形状分类（表8-1）

表8-1　按凸轮的形状划分凸轮机构外形

名称	简图	特点及应用
盘形凸轮		指径向尺寸变化的盘形构件。结构简单，应用广泛。一般应用于从动件行程或摆动较小的场合
移动凸轮		盘形凸轮的回转中心趋于无穷大时成为移动凸轮。通常移动凸轮作往复直线运动，多用于靠模仿形机械中

（续）

名称	简图	特点及应用
圆柱凸轮		柱体凸轮等速回转时，凸轮与从动件的相对运动是空间运动，应用于行程较大的场合

2. 按从动件的形状分类（表 8-2）

表 8-2　凸轮机构按从动件的形状分类

名称	尖顶从动件	滚子从动件	平底从动件
简图			
特点及应用	构造简单、易磨损，用于载荷较小的场合	磨损小，可传递较大的动力，故应用广泛	受力平稳、润滑好、效率高，常用于高速场合，不能用于内凹的凸轮轮廓

3. 按从动件的运动形式分类（表 8-3）

表 8-3　凸轮机构按从动件运动形式分类

名称	移动从动件	摆动从动件
简图		
特点	从动件作往复直线运动	从动件作往复摆动

二、凸轮机构的工作过程

凸轮机构中最常用的运动形式为凸轮作等速回转运动，从动件作往复移动。一般情况下，凸轮回转时，从动件作“升→停→回→停”的运动循环（图 8-3），也可以根据需要选择动作。

下面以尖顶对心外轮廓盘形凸轮为例，简介凸轮机构常用的运动规律及特点。

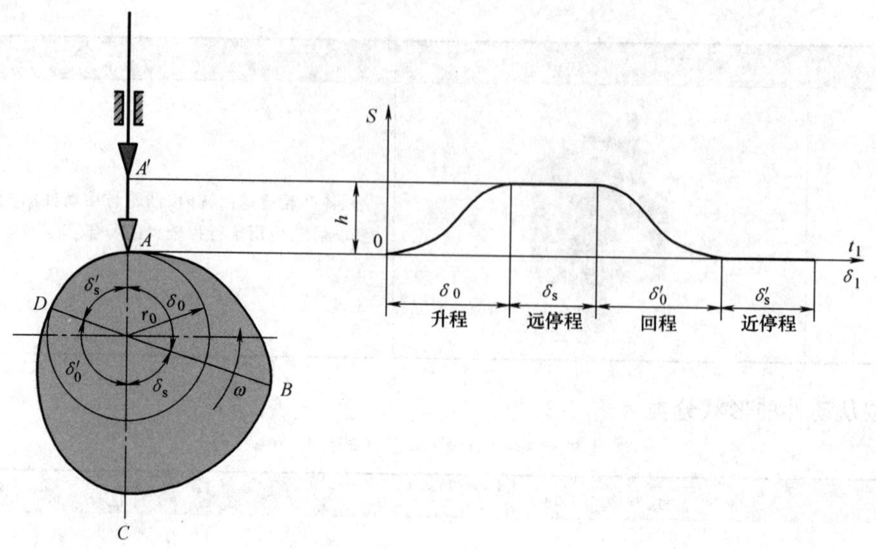

图 8-3　凸轮机构的工作过程

1. 基圆

以凸轮轮廓上最小半径为半径所作的圆。其半径用 r_b 表示。

2. 工作过程

(1) 升程（推程）(8-4)　凸轮回转时从动件由最低位置被推到最高位置的过程，相对应的凸轮转角称为升程角 δ_0。

(2) 远停程（图 8-5）　凸轮回转时从动件停在最高位置静止不动的过程，相对应的凸轮转角称为远停程角 δ_s。

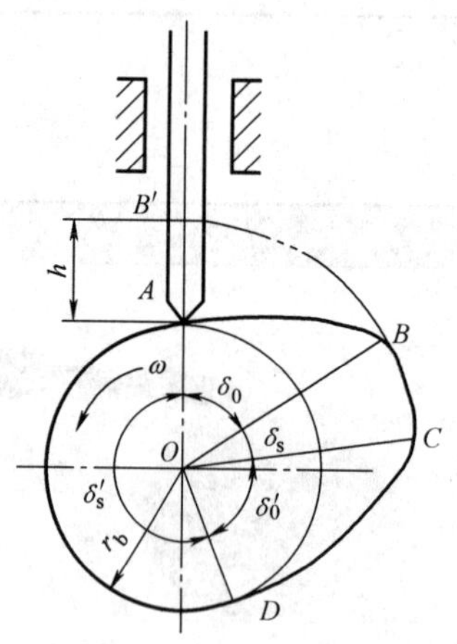

图 8-4　凸轮机构的推程

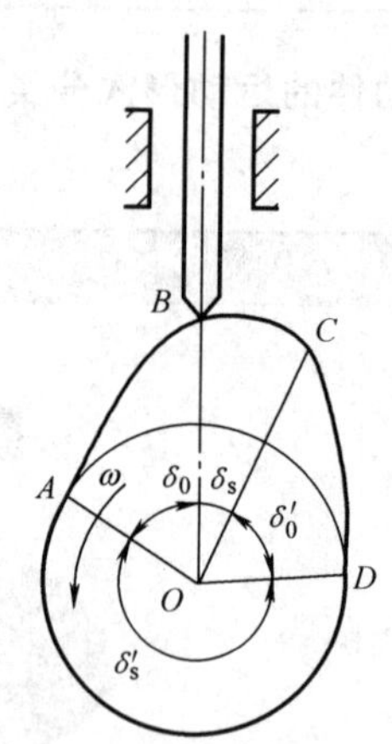

图 8-5　凸轮机构的远停程

(3) 回程（图 8-6）　凸轮回转时从动件由最高位置回到最低位置的过程，相对应的凸轮转角称为回程角 δ_0'。

(4) 近停程（图 8-7）　凸轮回转时从动件停在最低位置静止不动的过程，相对应的凸轮转角称为近停程角 δ_s'。

3. 行程

从动件上升或下降的最大位移 h。

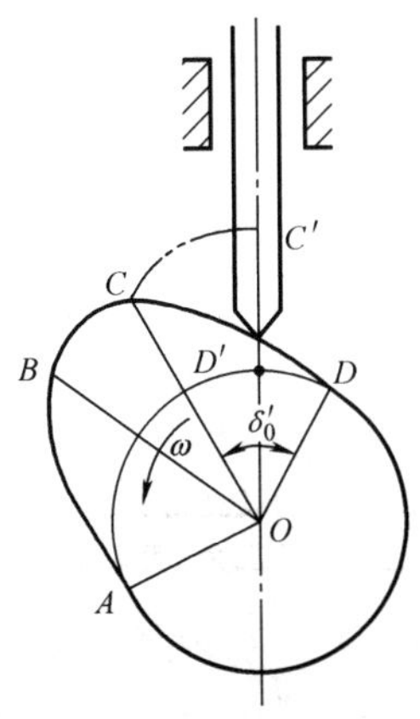

图 8-6　凸轮机构的回程

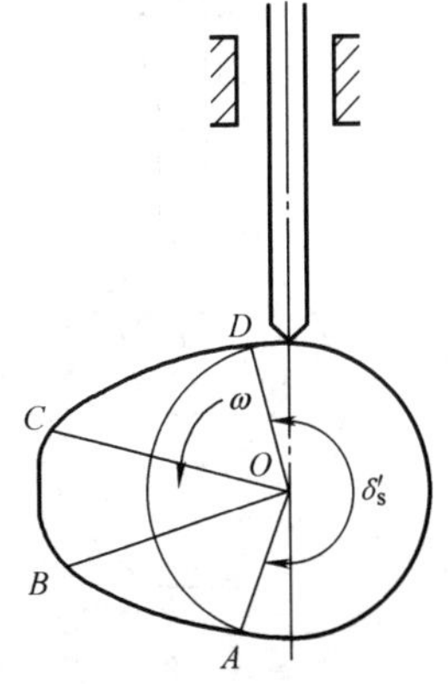

图 8-7　凸轮机构的近停程

4. 位移曲线（s-δ 曲线）

以从动件的位移 s 为纵坐标，对应凸轮的转角 δ 为横坐标，将凸轮机构的工作过程用曲线形式表示（图 8-3 中右图）。

第三节　从动件的运动规律

【学习目标】

1. 了解等速运动规律。
2. 了解等加速等减速运动规律。

【知识导入】

从动件在升程和回程中的运动规律很多，最基本的有等速运动规律、等加速等减速运动规律、简谐运动规律和摆线运动规律等，这里仅介绍两种。

【学习内容】

凸轮的轮廓形状取决于从动件的运动规律，而从动件的运动规律是指从动件在运动时，其位移 s、速度 v 和加速度 a 随时间 t 变化的规律。由于一般凸轮为匀速转动，其转角 δ 与时间 t 成正比，所以从动件的运动规律通常表示为从动件的运动参数随凸轮转角 δ 变化的规律。

一、等速运动规律

（1）定义　从动件上升（或下降）的速度为一常数的运动规律。从动件由静止开始，然后以速度 v 上升运动，会产生一次突然冲击；从动件上升到最高点立即转为下降运动，会再次产生强烈冲击。

（2）位移曲线　一条倾斜直线（图 8-8）。

（3）刚性冲击　由于速度的突变而引起的冲击。

（4）应用场合　适用于低速回转、轻载的场合。

等速运动规律的凸轮，其轮廓工作曲线上各种的半径与凸轮转角为线性关系，因此设计的凸轮轮廓曲线简单，加工时刀具与工件间相对运动容易实现。从动件在运动起始和终止位

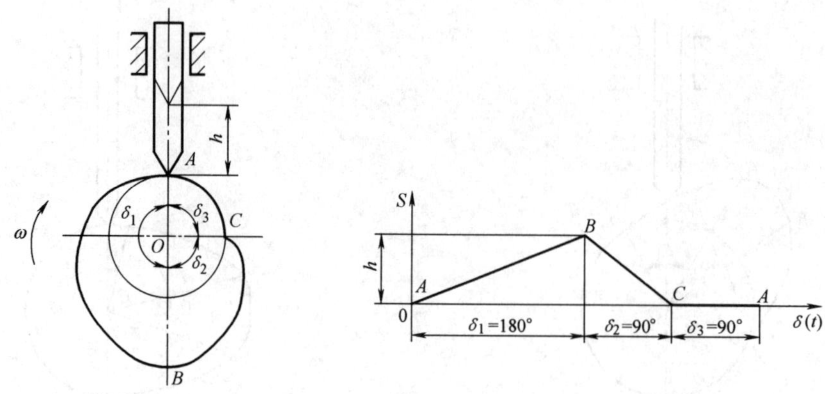

图 8-8 从动件作等速运动规律的凸轮机构的位移曲线

置速度有突变，使加速度达到无穷大，产生刚性冲击，随着凸轮的连续转动，从动件将产生连续的周期性的刚性冲击。这样，凸轮就会在工作中引起强烈的振动，对工作十分不利。因此，等速运动规律的凸轮只适用于凸轮作低速回转、轻载、工作要求不高、从动件质量小的场合。

二、等加速等减速运动规律

（1）定义 从动件在行程中先作等加速运动，后作等减速运动的运动规律。凸轮顺时针转动时，从动件等加速上升（$h/2$）后变为等减速运动上升（$h/2$），到达全升程最高点时上升的速度为零，而后转入回程。

（2）位移曲线 两段抛物线（图 8-9）。

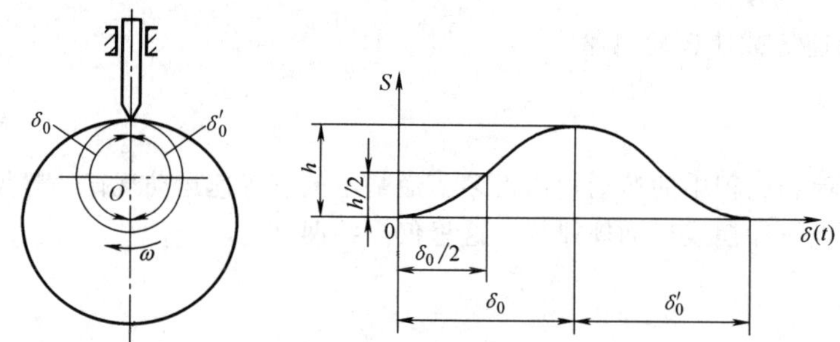

图 8-9 从动件作等加速等减速运动规律的凸轮机构的位移曲线

（3）柔性冲击 由于加速度的突变而引起的冲击。

（4）应用场合 适用于中速回转、轻载的场合。

等加速等减速运动规律的凸轮机构，可在较短的时间内完成从动件的推程，但凸轮轮廓形状设计和制造都较困难。运动速度逐步增大又逐步减小，避免了运动速度的突变，改善了从动件在速度转折点处的冲击，但仍有一定程度的柔性冲击（有限惯性力发生突变所产生的冲击）存在，适用于凸轮作中、低速回转，从动件质量不大的轻载场合。

【本章习题】

一、选择题

1. 凸轮机构中，主动件通常作（　　）。

A. 等速转动或移动　　B. 变速转动　　C. 变速移动

2. 从动件的运动规律决定了凸轮的（　　）。

A. 轮廓形状　　B. 转速　　C. 形状

3. 有关凸轮机构的论述，正确的是（　）。

A. 不能用于高速起动　　B. 从运件只能作直线移动　　C. 凸轮机构是高副机构

4. 凸轮机构中从动件构造最简单的是（　　）。

A. 平底从动件　　B. 滚子从动件　　C 尖顶状从动件

5. 从动件等速运动规律的位移曲线形状是（　　）。

A. 抛物线　　B. 斜直线　　C. 双曲线

6. 从动件作等速运动规律的凸轮机构，一般适用于（　　）、轻载的场合。

A. 低速　　B. 中速　　C. 高速

二、判断题

1. 在机器中，要求机构实现某种特殊的或复杂的运动规律，常采用凸轮机构。（　　）

2. 根据实际需要，凸轮机构可以任意规定从动件的运动规律。（　　）

3. 凸轮机构中，从动件作等加速等减速运动规律，是指从动件上升时作等加速运动，而下降时作等减速运动。（　　）

4. 凸轮机构产生的柔性冲击，不会对机器工作产生影响。（　　）

三、简答题

1. 凸轮机构的组成？并应用举例。

2. 凸轮机构从动件的运动规律有哪些？

3. 等速运动规律的位移曲线是什么？简述其特点及应用场合。

4. 等加速等减速运动规律的位移曲线是什么？简述其特点及应用场合。

第九章　其他常用机构

本章将介绍变速机构、换向机构、间歇运动机构，这些机构主要用于实现车床、汽车等机器的变速或换向功能，也能为食品流水线、电影放映机等设施设备提供间隔运动。除了教材介绍的这些机构外，在实际生活生产中，还有大量不常用的机构和特殊用途的机构，平时应注意观察各种机构的工作特点和应用场合，比较各机构间的相同点和不同点。

本章的主要知识结构框图如图 9-1 所示。

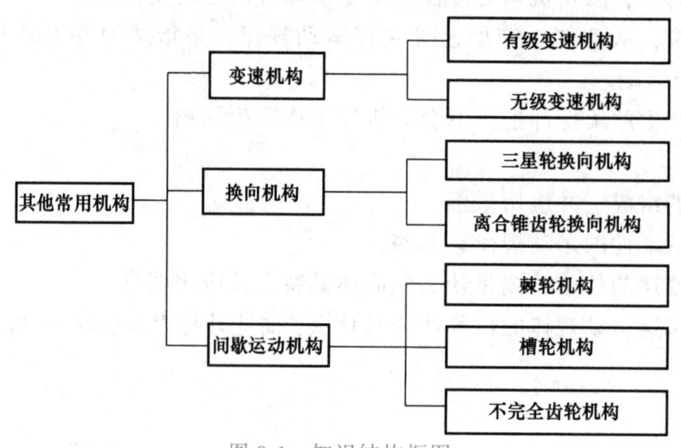

图 9-1　知识结构框图

第一节　变 速 机 构

【学习目标】

1. 了解变速机构的变速原理。
2. 了解变速机构的种类、特点。

【知识导入】

在输入转速不变的条件下，使输出轴获得不同转速的传动装置称为变速机构。汽车、机床、起重机等都需要变速机构。

【学习内容】

变速机构可分为有级变速机构和无级变速机构。有级变速机构又可分为滑移齿轮变速机构、塔齿轮变速机构、倍增变速机构、拉键变速机构等。

一、有级变速机构

有级变速机构是在输入转速不变的条件下，使输出轴获得一定的转速级数。常用的变速机构有塔齿轮变速机构、滑移齿轮变速机构、离合式齿轮变速机构、变换齿轮变速机构和拉键变速机构等。有级变速机构的特点是：可以实现在一定转速范围内的分级变速，具有变速可靠、传动比准确、结构紧凑等优点，但高速回转时不够平稳，变速时有噪声。

1. 滑移齿轮变速机构

滑移齿轮变速机构通常用于定轴轮系中，广泛应用于各类机床的主轴变速。图 9-2 所示为 X6132 型万能升降台铣床的主轴传动系统。轴Ⅰ为输入轴，由电动机（$n=1450$r/min）直接驱动，确定输出轴转速的变化范围。轴Ⅴ为输出轴，在轴Ⅱ和轴Ⅳ上分别安装有齿数为 19-22-16 和 37-47-26 的三联滑移齿轮以及齿数为 82-19 的双联滑移齿轮。

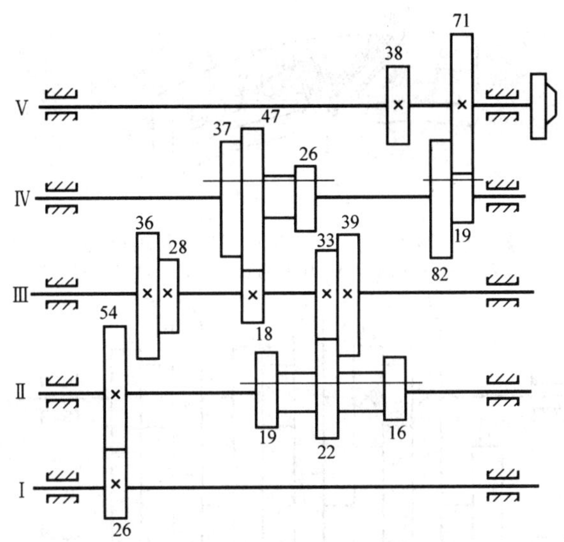

图 9-2 X6132 型万能升降台铣床变速机构

通过图 9-2 可以分析得出相邻两轴之间的传动路线及传动比数目。Ⅰ轴和Ⅱ轴之间只有 54/26 一种传动比；Ⅱ轴和Ⅲ轴之间有 36/19、33/22、39/16 三种；Ⅲ轴和Ⅳ轴之间有 37/28、47/18、26/39 三种；Ⅳ轴和Ⅴ轴之间有 38/82 和 71/19 两种。故Ⅱ轴和Ⅴ轴之间总共可以得到 $1\times3\times3\times2=18$ 种传动比，也就是说可以得到 18 种不同的转速。其中转速最小为 30r/min，最大为 1500r/min。故输出轴Ⅴ的转速变化范围为 30～1500r/min。

2. 塔齿轮变速机构

如图 9-3 所示，在从动轴 8 上八个排成塔形的固定齿轮组成塔齿轮 7，主动轴 1 上的滑移齿轮 6 和拨叉 5 沿导向键 2 可在轴上滑动，并通过中间齿轮 4 可与塔齿轮中任意一个齿轮啮合，从而将主动轴的运动传递给从动轴 8。机构的传动比与塔齿轮的齿数成正比，因此很容易由塔齿轮的齿数实现传动比成等差数列的变速机构。

3. 倍增变速机构

如图 9-4 所示，Ⅰ轴为主动轴，其上装有一个双联固定齿轮和两个双联空套齿轮；轴Ⅱ上装有三个齿数为 52-39 的双联空套齿轮和一个齿数为 52 的空套齿轮。轴Ⅲ为输出轴，其上装有一个齿数为 26 的滑移齿轮。第一条传动路线：26/52，39/39。第二条传动路线：26/52，52/26。第三条传动路线：26/52，52/26，39/39，52/26。第四条传动路线：26/52，52/26，39/39，52/26，39/39，52/26。各传动路线的传动比分别为：1/2、1、2、4。四个传动比是以倍数 2 递增的，形成等比数列，故把具有此特点的机构称为倍增变速机构。

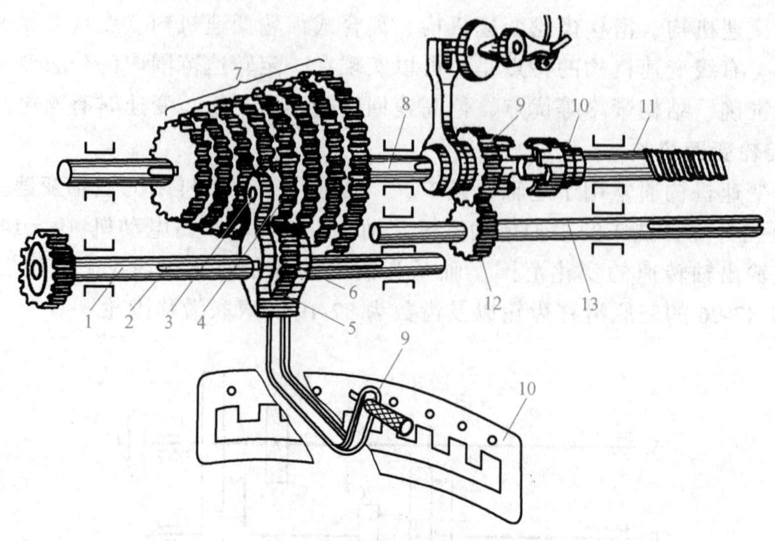

图 9-3　塔齿轮变速机构

1—主动轴　2—导向键　3—中间齿轮支架　4—中间齿轮　5—拨叉
6—滑移齿轮　7—塔齿轮　8—从动轴　9、10—离合器　11—丝杠　12—光杠齿轮　13—光杠

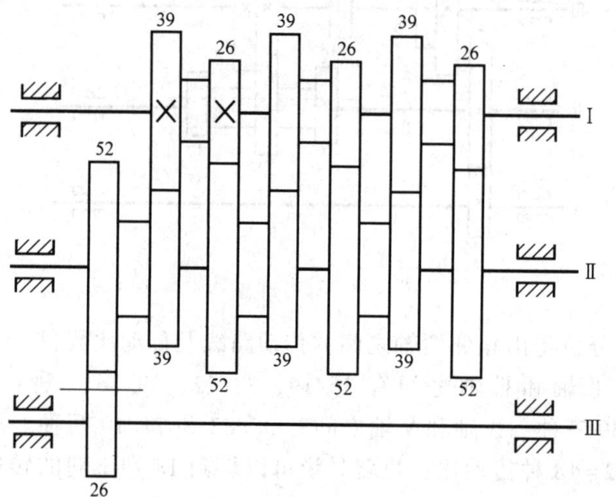

图 9-4　倍增变速机构

4. 拉键变速机构

如图 9-5 所示，齿轮 z_1、z_3、z_5、z_7 固定在主动轴 3 上；齿轮 z_2、z_4、z_6、z_8 空套在从动

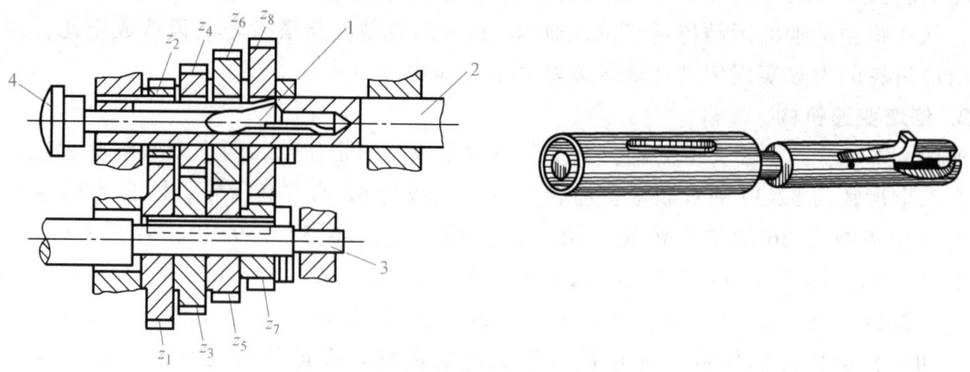

图 9-5　拉键变速机构

1—弹簧键　2—从动套筒轴　3—主动轴　4—手柄轴

套筒轴2上，中间用垫圈分隔。插入套筒轴孔中的手柄轴4的前端设有弹簧键1，可由套筒轴的贯通的长槽中弹出，嵌入任一个空套齿轮的键槽中（图示位置键嵌入齿轮 z_8 内孔的键槽），从而可将主动轴的运动通过齿轮副和弹簧键传给从动轴。图示位置中，运动的传递是通过齿轮 z_7 与 z_8 实现的。此时空套齿轮 z_2、z_4、z_6 因与齿轮 z_1、z_3、z_5 啮合，所以也在转动，且转速各不相同，但它们的转动与从动轴的回转无关。

二、无级变速机构

无级变速机构是采用摩擦轮传动实现的，其原理是通过适量地改变主动件和从动件的转动半径，使输出轴的转速在一定范围内无级地变化，如图9-6所示为滚子平盘式无级变速机构。

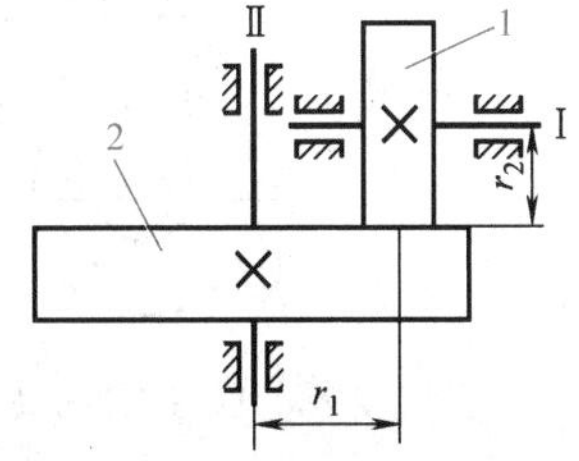

图9-6　滚子平盘式无级变速机构

当动力源带动轴Ⅰ上的滚子以恒定的转速 n_1 回转时，因滚子紧压在平盘上，靠摩擦力的作用使平盘转动并带动从动轴Ⅱ以转速 n_2 回转。可得 $n_2=n_1(r_1/r_2)$，其中 r_1 可在一定范围内任意改变，故轴Ⅱ可获得无级变速。

第二节　换向机构

【学习目标】

1. 了解换向机构的原理。
2. 了解换向机构的种类、特点。

【知识导入】

汽车不但能前进而且能倒退，机床主轴既能正转也能反转。这些运动形式的改变通常是由换向机构来完成的。如图9-7所示为汽车变速杆，其中的R位为倒车位。换向机构是在输入轴转向不变的条件下，可使输出轴转向改变的机构。

图9-7　汽车变速杆

【学习内容】

换向机构的常见类型有三星轮换向机构和离合锥齿轮换向机构等。

一、三星轮换向机构

三星轮换向机构利用惰轮来实现从动轴回转方向的变换，如图9-8所示。转动手柄可使三角形杠杆架绕从动齿轮的轴线Ⅱ回转。处于图9-8a所示的位置时，惰轮参与啮合，从动齿轮与主动齿轮的回转方向相同。处于图9-8b所示位置时，惰轮、惰轮参与啮合，从动齿轮与主动齿轮的回转方向相反。卧式车床进给系统就采用了三星轮换向机构进行换向。

二、离合锥齿轮换向机构

离合锥齿轮换向机构有离合器锥齿轮换向机构和滑移锥齿轮套换向机构两种形式。离合器锥齿轮换向机构如图9-9a所示，主动锥齿轮与空套在轴Ⅱ上的从动锥齿轮1、2啮合，离合器与轴Ⅱ用花键连接。当离合器向左移动与从动锥齿轮2接合时，从动轴的转向与从动锥齿轮2相

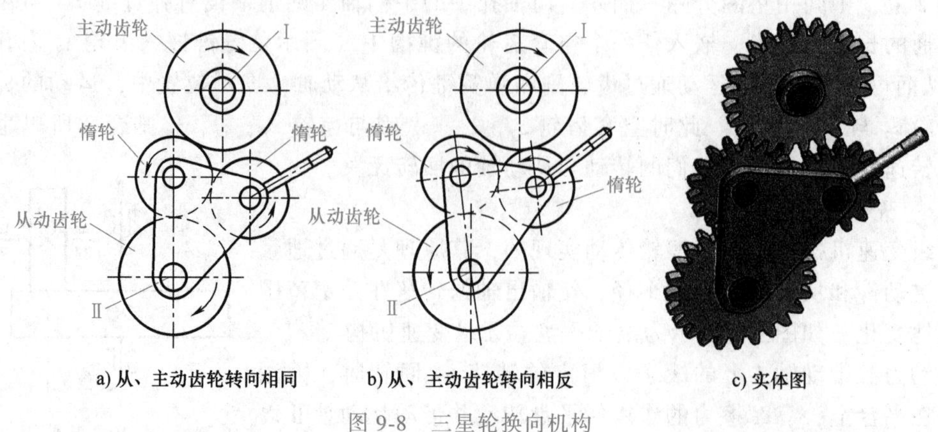

图 9-8 三星轮换向机构

同；当离合器向右移动与从动锥齿轮 1 接合时，从动轴的转向与从动锥齿轮 1 相同。图 9-9b 所示为滑移锥齿轮套换向机构，两个锥齿轮与套连接为-体组成锥齿轮套，并用滑键与轴相连。通过向左或向右滑移锥齿轮套，从动轴上左右两个锥齿轮分别与主动轴上锥齿轮的左右侧轮齿啮合，从而实现换向。

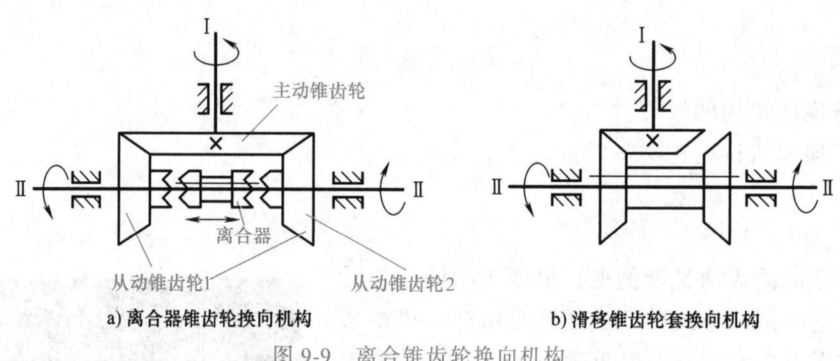

图 9-9 离合锥齿轮换向机构

第三节 间歇运动机构

【学习目标】

1. 了解棘轮机构的类型和工作特点。
2. 了解槽轮机构的类型和工作特点。
3. 了解不完全齿轮机构。

【知识导入】

在某些机器中，当主动件作连续运动时，常常需要从动件作周期性的运动或停歇，实现这种运动的机构称为间歇运动机构。

牛头刨床（图 9-10a）在工作时，装有刀架的滑枕作直线往复运动，带动刀具对工件进行切削。装夹着工件的工作台作间歇的横向移动，实现切削过程的进给运动。牛头刨床横向进给机构如图 9-10b 所示，它由凸轮机构、曲柄摇杆机构和双向棘轮机构组成。在刨刀进行刨削时（工作行程），工作台不动，在刨刀空回程时，凸轮通过四杆机构带动棘轮机构，棘轮机构带动螺旋机构（图中未画出）使工作台在垂直于纸面方向作一次进给运动，以便刨刀继续切削。

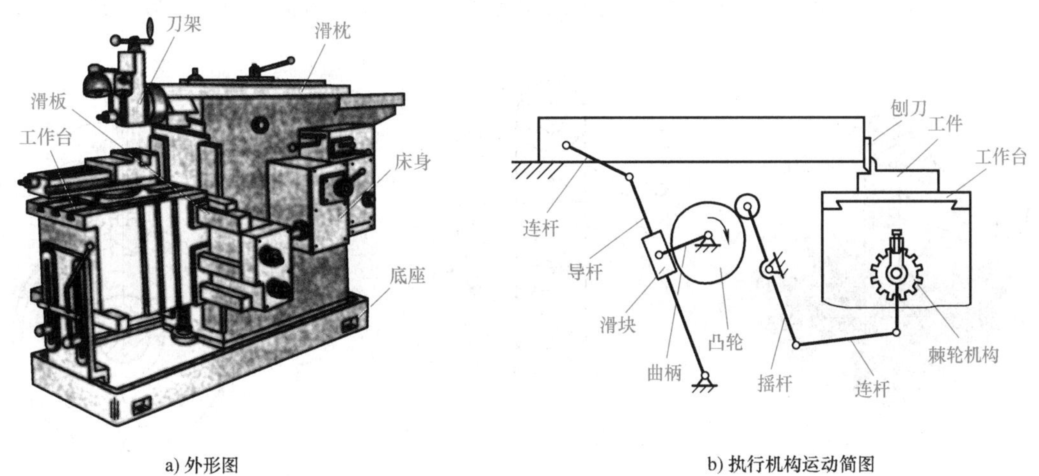

图 9-10　牛头刨床

【学习内容】

一、棘轮机构

1. 棘轮机构的组成及工作原理

典型的棘轮机构如图 9-11 所示，主要由摇杆、棘轮、棘爪、机架、止动爪和弹簧组成。

当摇杆沿逆时针方向摆动时，棘爪嵌入棘轮的齿槽内，推动棘轮转动，如图 9-12 所示。当摇杆沿顺时针方向转动时，止动爪阻止棘轮顺时针转动，同时棘爪在棘轮齿背上滑过，此时棘轮静止。这样，当摇杆往复摆动时，棘轮便可以得到单向的间歇运动。

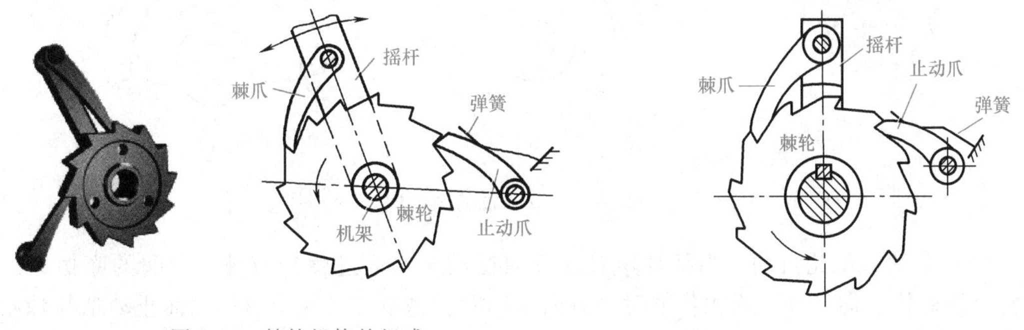

图 9-11　棘轮机构的组成　　图 9-12　齿式棘轮机构

2. 棘轮机构的类型

按照结构特点，常用的棘轮机构有齿式棘轮机构和摩擦式棘轮机构两大类。

（1）齿式棘轮机构

1）单动式棘轮机构。图 9-12 所示棘轮机构的特点是摇杆逆时针方向摆动时，棘爪推动棘轮沿同一方向转动，摇杆反向摆动时，棘轮静止。

2）可变向棘轮机构。这种机构的棘轮采用矩形齿。如图 9-13a、b 所示，当棘爪处在图

示 B 的位置时，棘轮可得到逆时针方向的单向间歇运动；而当棘爪绕其销轴 A 翻转到虚线位置 B'时，棘轮可以得到顺时针方向的单向间歇运动。图 9-13c 所示为另一种可变向棘轮机构。当棘爪按图示位置安放时，棘轮可以得到逆时针方向的单向间歇运动；而当棘爪提起，并绕本身轴线旋转 180°后再放下时，就可以使棘轮获得顺时针方向的单向间歇运动。

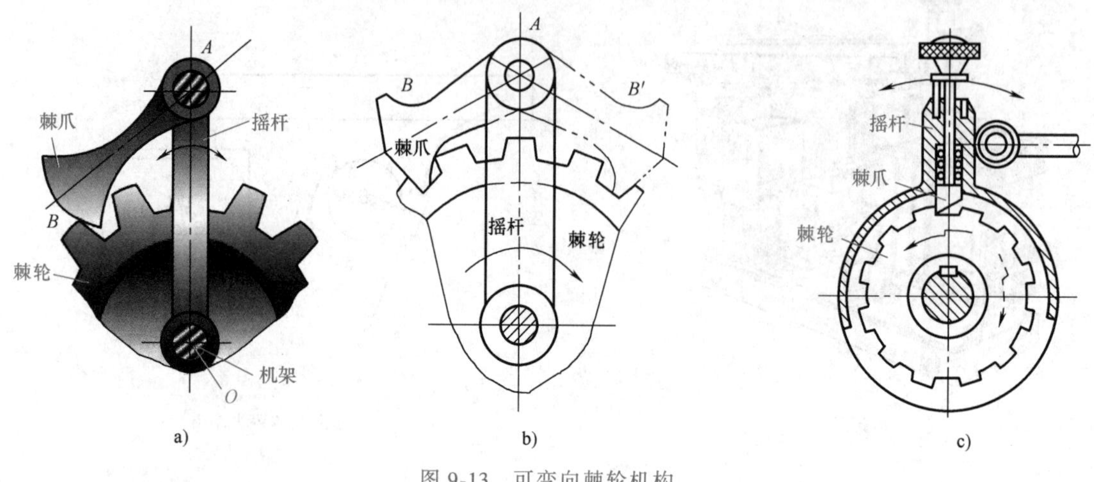

图 9-13　可变向棘轮机构

3）双动式棘轮机构。双动式棘轮机构的特点是摇杆往复摆动时，两棘爪交替带动棘轮沿同一方向转动，图 9-14a 所示为模型，图 9-14b、c 所示分别为直棘爪和钩头棘爪。

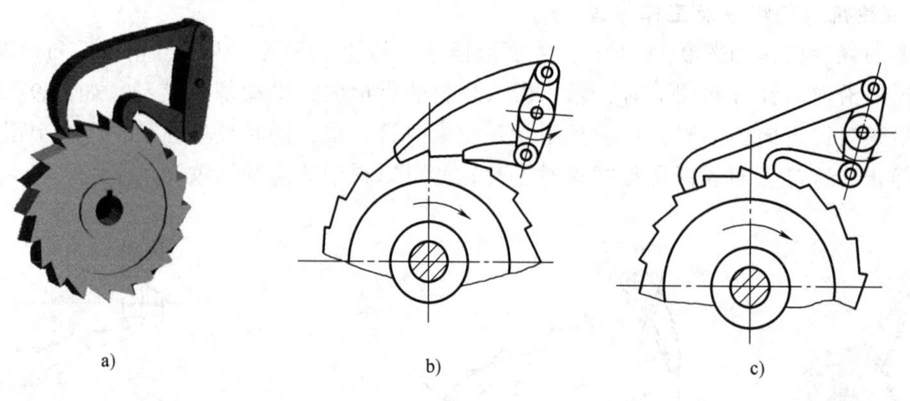

图 9-14　双动式棘轮机构

（2）摩擦式棘轮机构　当摇杆逆时针方向摆动时，通过棘轮与棘爪之间的摩擦力，使棘轮沿逆时针方向运动。当摇杆顺时针方向摆动时，棘爪在棘轮上滑过，而止动爪与棘轮之间的摩擦力促使止动爪与棘轮卡紧，从而使棘轮静止，以实现间歇运动，图 9-15a、b 分别为模型与简图。

3. 棘轮机构的特点和应用

齿式棘轮机构结构简单、运动可靠、棘轮的转角容易实现有级调节。但是这种机构在回程时，棘爪在棘轮齿背上滑过产生噪声；在运动开始和终了时，由于速度突变而产生冲击，运动平稳性差，且棘轮轮齿容易磨损，故常用于低速轻载等场合。

摩擦式棘轮传递运动较平稳、无噪声，棘轮转角可以实现无级调节，但运动准确性差，不宜用于运动精度高的场合。

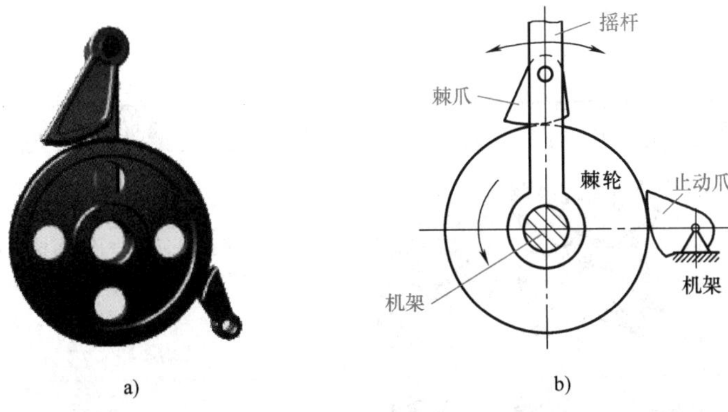

图 9-15　摩擦式棘轮机构

棘轮机构常用在机床、自动机、自行车、螺旋千斤顶等各种机械中。棘轮还被广泛地用于防止机械逆转的制动器中，这类棘轮制动器常用在卷扬机、提升机、运输机和牵引设备中。

二、槽轮机构

1. 槽轮机构的组成及工作原理

图 9-16 所示为一外啮合槽轮机构，它由带有圆销的主动拨盘、具有径向槽的从动槽轮和机架所组成。

当拨盘以等角速度连续转动，拨盘上的圆销进入槽轮的径向槽时，槽轮上的内凹锁止弧被拨盘上的外凸弧卡住，槽轮静止不动。当拨盘上的圆销刚开始进入槽轮径向槽时，内凹锁止弧也刚好被松开，槽轮在圆销的推动下开始转动。当圆销在另一边离开槽轮的径向槽时，内凹锁止弧又被卡住，槽轮又静止不动，直至圆销再一次进入槽轮的另一径向槽时，槽轮重复上面的过程，如图 9-16 所示。该机构是一种典型的单向间歇传动机构。

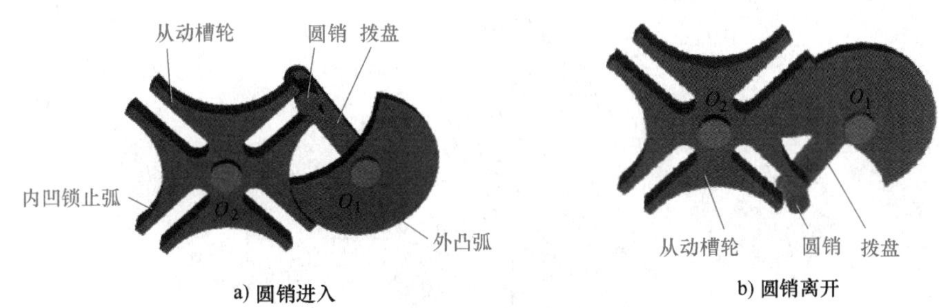

图 9-16　槽轮机构

2. 槽轮机构的特点及类型

槽轮机构的优点是：结构简单，转位方便，工作可靠，传动平稳性好，能准确控制槽轮转角。

槽轮机构的缺点是：转角的大小受到槽数限制，不能调节。在槽轮转动的始末位置处，机构存在冲击现象，且随着转速的增加或槽轮槽数的减少而加剧，增加径向槽数 z 可以增加机构运动的平稳性，但是机构尺寸随之增大，导致惯性力增大。槽轮机构不适用于高速场合。

常用槽轮机构的类型及特点见表 9-1。

表 9-1　常用槽轮机构的类型及特点

类型	图例	工作特点
单圆销外槽轮机构		主动拨盘每回转一周，圆销拨动槽轮运动一次，且槽轮与主动杆转向相反，槽轮静止不动的时间很长
双圆销外槽轮机构		主动拨盘每回转一周，槽轮运动两次，减少静止不动的时间。槽轮与主动杆转向相反。增加圆销个数，可使槽轮运动次数增多，但应注意圆销数目不宜太多
内啮合槽轮机构		主动拨盘匀速回转一周，槽轮间歇地转过一个槽口，槽轮与拨盘转向相同。内啮合槽轮机构结构紧凑，传动较平稳，槽轮停歇时间较短

三、不完全齿轮机构

如图 9-17 所示为外啮合式不完全齿轮机构，该机构的主动齿轮齿数较少，只保留三个齿，从动齿轮上制有与主动齿轮轮齿相啮合的齿间。主动齿轮转一周，从动齿轮转 1/6 周，从动齿轮转一周停歇六次。

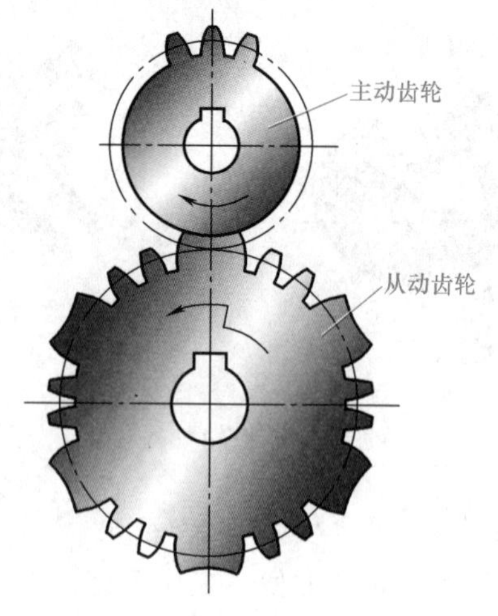

图 9-17　外啮合式不完全齿轮机构

这种主动齿轮作连续转动，从动齿轮作间歇运动的齿轮传动机构称为不完全齿轮机构。不完全齿轮机构是由普通渐开线齿轮机构演变而成的一种间歇运动机构。

不完全齿轮机构的特点是结构简单、工作可靠、传递力大，但工艺复杂，从动齿轮在运动的开始与终止位置有较大冲击，一般适用于低速、轻载的场合。

【本章习题】

一、填空题

1. 变速机构分为__________机构和__________机构。

2. 有级变速机构常用类型有__________变速机构、__________变速机构、__________变速机构、__________变速机构和__________变速机构。

3. 间歇运动机构的常见类型有__________、__________和__________等。

二、名词解释

1. 变速机构

2. 换向机构

3. 间歇运动机构

第十章　轴

轴在生产、生活中随处可见，如减速器中的转轴、自行车中的轮轴、汽车中的传动轴以及内燃机中的曲轴等（图 10-1）。

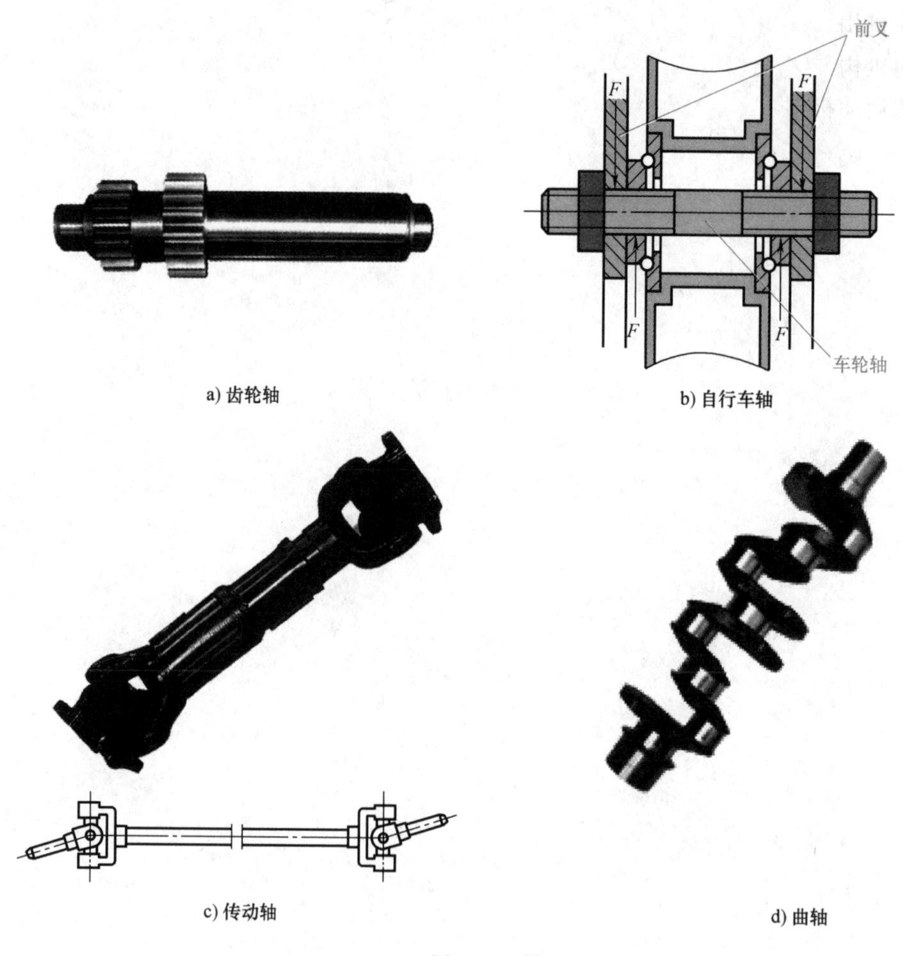

a) 齿轮轴　b) 自行车轴　c) 传动轴　d) 曲轴

图 10-1　轴

第一节　轴的用途和分类

【学习目标】

1. 了解轴的用途。

2. 熟悉轴的分类及应用特点。

【知识导入】

轴是机器中最基本、最重要的零件之一。各种作回转运动的零件（如带轮、齿轮等）都必须安装在轴上才能运动及传递动力。

轴的主要功用是支承回转零件（如齿轮、带轮等）、传递运动和动力。如图 10-2 所示为单级齿轮减速器上的输出轴，其上安装了齿轮、轴承、定位套、键等零件。

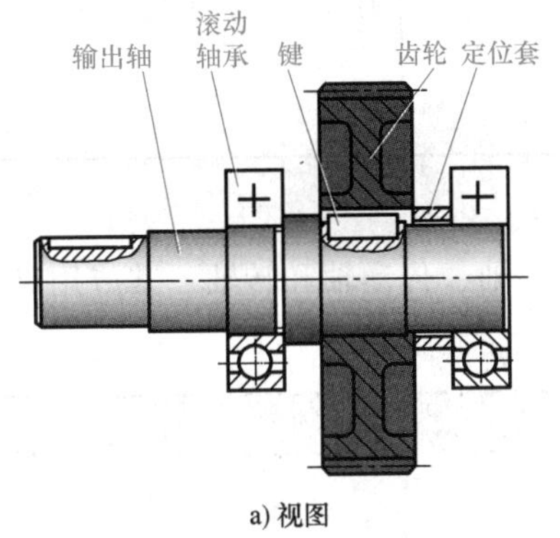

a) 视图

b) 实体图

图 10-2 轴

【学习内容】

一、根据轴线形状不同划分

根据轴线形状的不同，轴可以分为直轴、曲轴和挠性钢丝软轴（简称挠性轴），见表 10-1。

表 10-1 轴的主要类型及应用特点

轴的类型		外形图	应用特点
直轴	光轴		光轴形状简单，加工容易，但零件不易装配及定位，主要用于心轴和传动轴 应用实例：自行车心轴、车床光杠等
	阶梯轴		阶梯轴加工复杂，应力集中源较多，容易实现轴上零件装配及定位，主要用于转轴 应用实例：减速器、机床中的轴等
曲轴			常用于将回转运动转变为直线往复运动，或将直线往复运动转变为回转运动。主要用于内燃机、空气压缩机、活塞泵及压力机等

（续）

轴的类型	外形图	应用特点
挠性轴	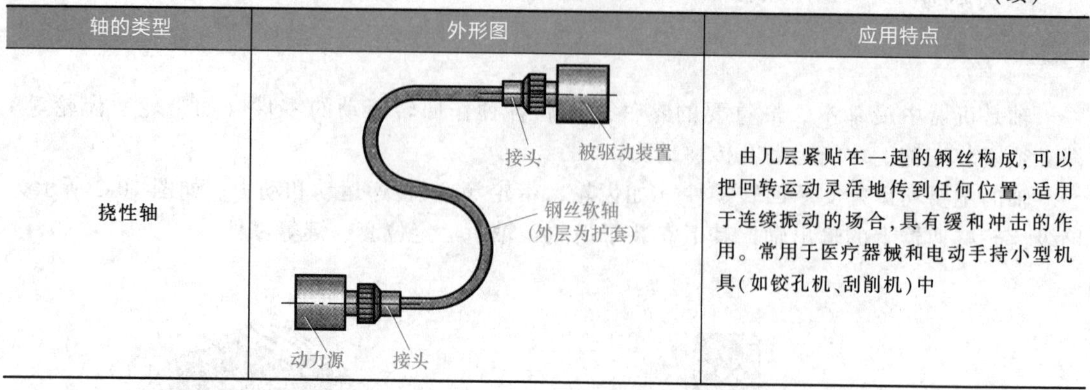	由几层紧贴在一起的钢丝构成，可以把回转运动灵活地传到任何位置，适用于连续振动的场合，具有缓和冲击的作用。常用于医疗器械和电动手持小型机具（如铰孔机、刮削机）中

二、根据承受载荷的不同划分

按照工作时所受载荷的不同，轴可分为三类：心轴、传动轴和转轴。其应用见表 10-2。

表 10-2　轴的主要类型及应用特点

轴的类型		外形图	应用特点
心轴	转动心轴	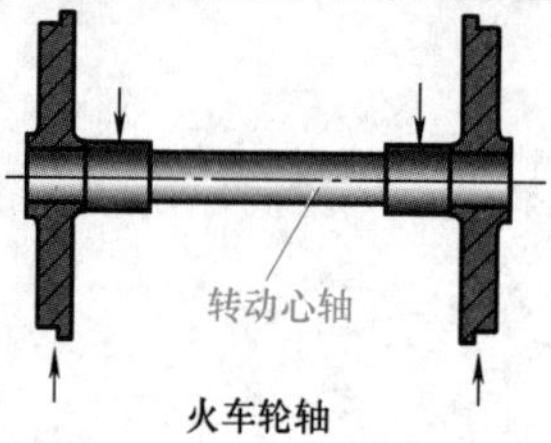 转动心轴 火车轮轴	工作时只承受弯曲载荷而不传递转矩的轴，称为心轴。当心轴随轴上回转零件一起转动时称为转动心轴，而相对机架固定不动的心轴称为固定心轴
	固定心轴	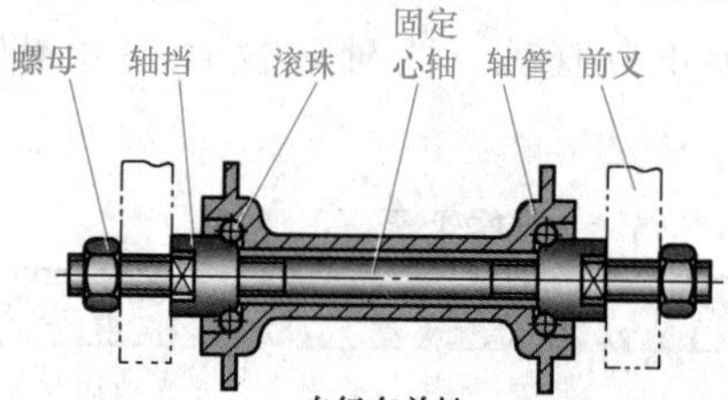 螺母　轴挡　滚珠　固定心轴　轴管　前叉 自行车前轴	
传动轴		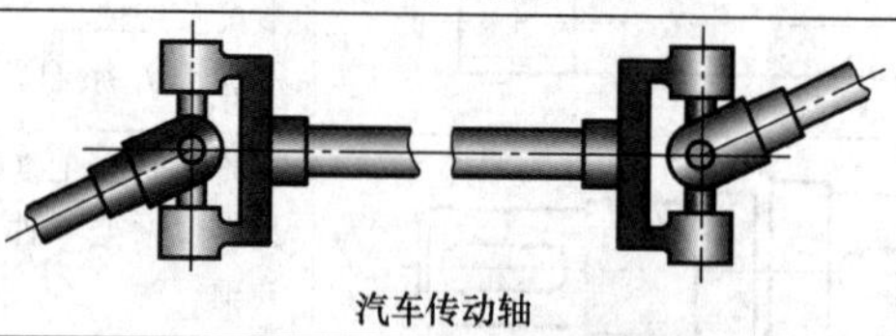 汽车传动轴	工作时只承受转矩不承受弯矩或承受很小的弯矩，起传递动力作用的轴称为传动轴
转轴		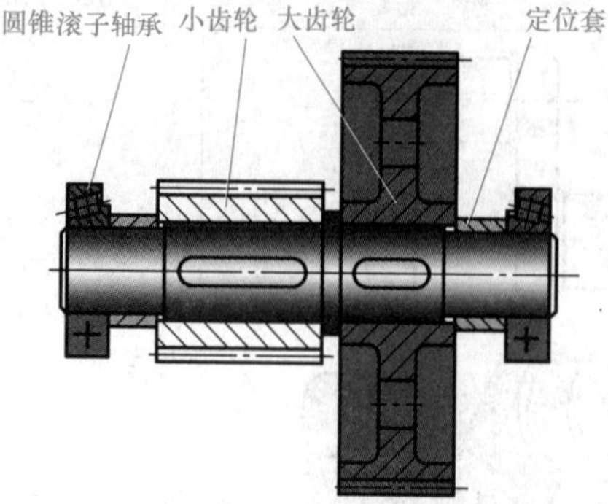 圆锥滚子轴承　小齿轮　大齿轮　定位套 二级齿轮减速器中间轴	工作时既承受弯矩又承受转矩，既起支承作用又起传递动力的作用的轴，称为转轴。是机器中最常用的一种轴

第二节 转轴的结构

【学习目标】

1. 了解轴的结构要求。
2. 掌握轴上零件轴向固定与周向固定的目的及常用方法。
3. 了解轴上常见的工艺结构。

【知识导入】

如图 10-3 所示为二级齿轮减速器中的输出轴（转轴）。轴上各段按其作用可分别称为轴头、轴颈、轴身、轴肩和轴环等。轴上被支承的部位称为轴颈；安装轮毂的部位称为轴头；连接轴颈和轴头的部位称为轴身；轴径变化处形成的环形面称为轴肩；轴环是指给轴上零件轴向定位的环状圆柱凸台，其作用和轴肩相同。

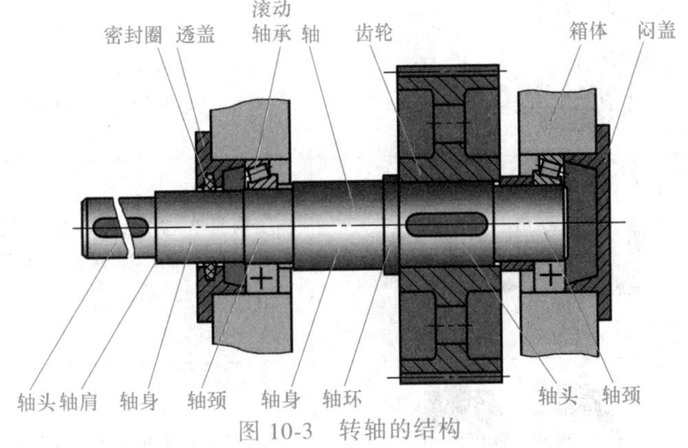

图 10-3 转轴的结构

【学习内容】

一、轴上零件的轴向固定

为保证零件在轴上有确定的轴向位置，防止零件作轴向移动，并能承受轴向力，需要对轴上零件进行轴向固定。常用的轴向固定方法有，轴肩与轴环、圆螺母、套筒、轴端挡圈、轴端挡板、紧定螺钉和圆锥面等，各种固定方法的特点及应用见表 10-3。

表 10-3 零件的轴向固定方法及特点

类型	简图	特点及应用
轴肩与轴环	I 3:1 C r I　II 3:1 R r II	应使轴肩、轴环的过渡圆角半径 r 小于轴上零件孔端的圆角半径 R 或倒角 C(即 $r<R$ 或 $r<C$)，这样才能使轴上零件的端面紧靠定位面。特点是结构简单、定位可靠，能承受较大的轴向力。广泛用于各种轴上零件的定位

（续）

类型	简图	特点及应用
螺母	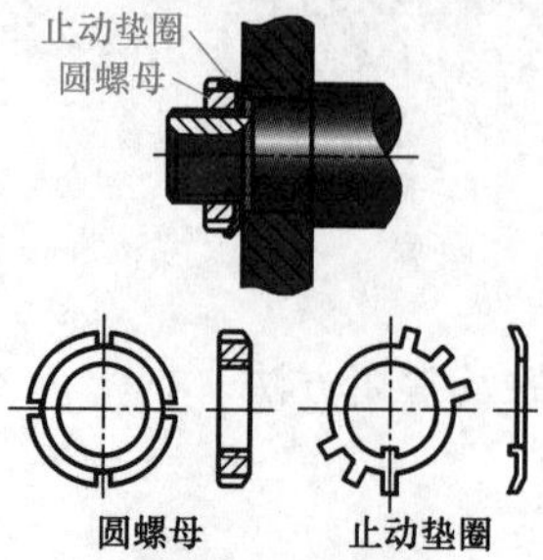 止动垫圈 圆螺母 圆螺母　止动垫圈	固定可靠、拆装方便，可承受较大的轴向力，能调整轴上零件之间的间隙。为防止松脱，必须加止动垫圈或使用双螺母。由于在轴上加工了螺纹，轴的强度降低。常用于轴上零件距离较大处及轴端零件的固定
套筒	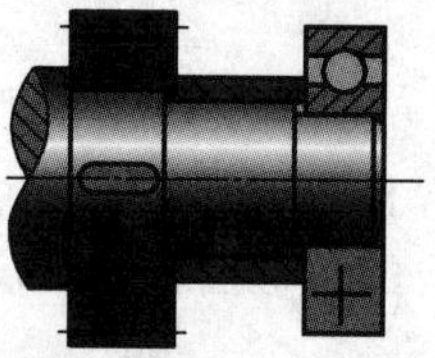	结构简单、定位可靠，适用于轴上零件间距离较短的场合，当轴的转速很高时不宜采用
轴端挡圈	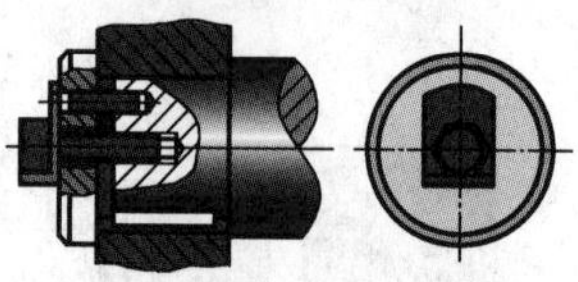	工作可靠、结构简单，可承受剧烈振动和冲击载荷。使用时，应采取止动垫片、防转螺钉等防松措施。该方法应用广泛，常用于固定轴端零件
弹性挡圈	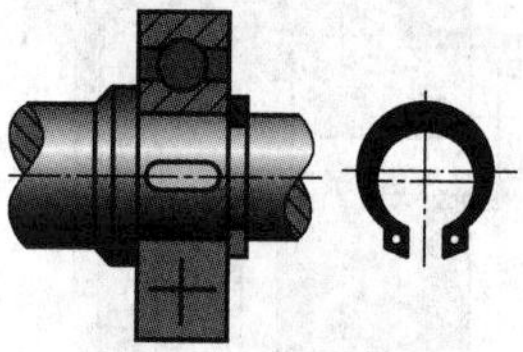	结构简单、紧凑，拆装方便，只能承受很小的轴向力。需要在轴上加工槽，这将引起应力集中，常用于滚动轴承的固定
轴端挡板	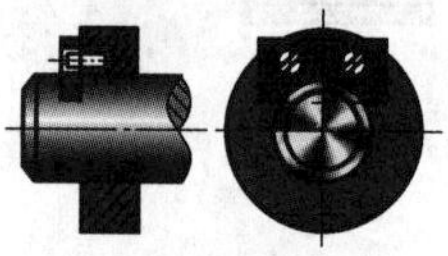	结构简单，常用于心轴上零件的固定和轴端固定
紧定螺钉与挡圈	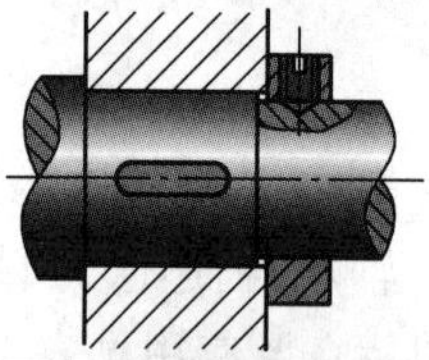	结构简单，同时起周向固定作用，但承载能力较低，且不适用于高速场合
面	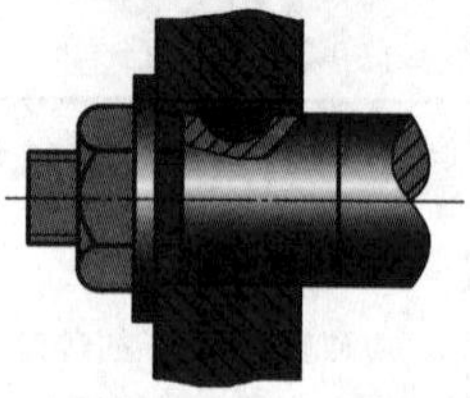	能消除轴与轮毂间的径向间隙，拆装方便，可兼周向固定。常与轴端挡圈联合使用，实现零件的双向固定。适用于有冲击载荷和对中性要求较高的场合，常用于轴端零件的固定

二、轴上零件的周向固定

为了保证轴能可靠地传递运动和转矩，防止轴上零件与轴产生相对转动，需要对轴上零件施加周向固定。常用的周向固定方法有平键连接、花键连接、销连接、紧定螺钉和过盈配合等。轴上零件的固定方法及应用见表 10-4。

表 10-4　轴上零件的轴向固定方法及应用

类型	简图	特点及应用
平键连接		加工容易、拆装方便，但轴向不能固定，不能承受轴向力
花键连接		具有接触面积大、承载能力强、对中性和导向性好等特点，适用于载荷较大、定心要求高的静、动连接。加工工艺较复杂，成本较高
销连接		轴向、周向都可以固定，常用于安全装置，过载时可被剪断，防止损坏其他零件。不能承受较大载荷，销孔对轴的强度有削弱作用
紧定螺钉		紧定螺钉端部拧入轴上凹坑实现固定。结构简单，不能承受较大载荷，只适用于辅助连接
过盈配合		同时有轴向和周向固定作用，对中精度高，选择不同的配合有不同的连接强度。不适用于重载和经常拆装的场合

三、轴的结构工艺性

1. 轴的设计要求

对轴进行设计时，除要求轴要具有足够的强度、合理的结构和良好的工艺性外，还应满足以下三个方面的要求：

1）轴上零件要有可靠的轴向固定和周向固定。

2）轴应便于加工和尽量避免或减小应力集中。

3）应便于轴上零件的安装与拆卸。

2. 轴上常见的工艺结构

轴的结构工艺性是指轴的结构形式应便于加工，便于轴上零件的装配和维修，并且能提高生产率、降低成本。一般来说，轴的结构越简单，工艺性就越好。所以，在满足使用要求的前提下，轴的结构形式应尽量简化。在进行轴的设计时应注意以下几点：

1）轴的结构和形状应便于加工、装配和维修。

2）阶梯轴的直径应中间大、两端小，以便于轴上零件的拆装（图 10-4）。

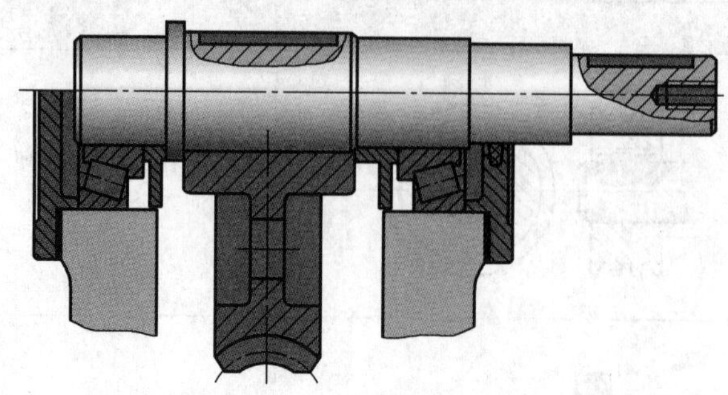

图 10-4　轴上常见的工艺结构

3）轴端、轴颈与轴肩（或轴环）的过渡部位应有倒角或过渡圆角，以便于轴上零件的装配，避免划伤配合表面，减小应力集中。应尽可能使倒角（或圆角半径）一致，以便于加工。

4）若轴上需要车螺纹或进行磨削，应有螺纹退刀槽（图 10-5）或砂轮越程槽（图 10-6）。图中 a 为槽的宽度，b 为槽的深度。

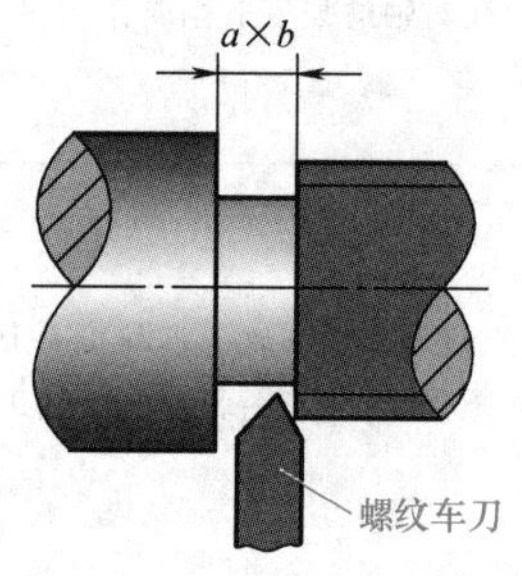

图 10-5　螺纹退刀槽

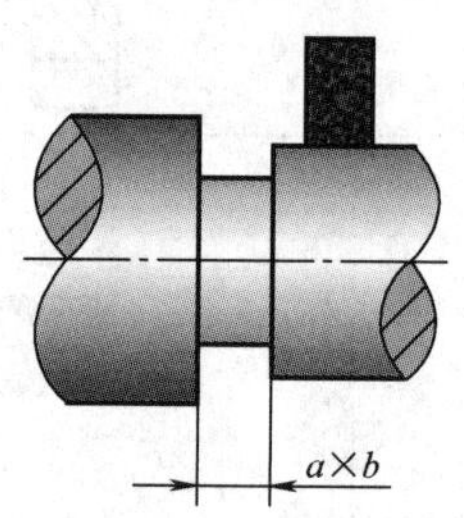

图 10-6　砂轮越程槽

5）当轴上有两个以上键槽时，槽宽应尽可能相同，并布置在同一方向上，以便于加工（图 10-4）。

【本章习题】

一、填空题

1. 根据直轴所受载荷不同，可将其分为________、________和________三类。

2. 火车轮轴选用________轴，自行车前轴采用________轴，汽车传动轴采用________轴，直齿齿轮减速器中间轴采用________轴。

二、简答题

1. 轴的结构应满足哪三方面的要求？

2. 为什么要对轴上零件进行轴向固定？

3. 为什么要对轴上零件进行周向固定？

第十一章　键、销及其连接

机器都是由各种零件装配而成的，零件与零件之间存在着各种不同形式的连接，根据连接后是否可拆分为可拆连接和不可拆连接。在机械连接中属于可拆连接的有键连接、销连接和螺纹连接等，属于不可拆连接的有焊接、铆接和胶接等。本章主要介绍键连接和销连接。

在机械设备中，键连接和销连接的目的只有一个，就是保证轴与轴上零件牢固而可靠地连接，以传递运动和转矩。图 11-1 所示为在轴上安装了 V 带轮，带轮的周向固定用键连接，套的固定用销连接。

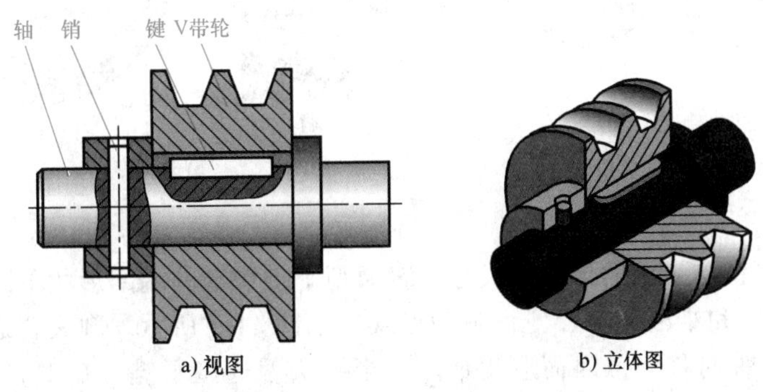

图 11-1　键、销连接

第一节　键连接

【学习目标】

1. 了解平键连接的种类、特点。
2. 掌握平键的选择方法与标记方法。

【知识导入】

键连接可以实现轴与轴上零件（如齿轮、带轮等）之间的周向固定，并传递运动和转矩。键连接具有结构简单、拆装方便、工作可靠及可实现标准化等特点，故在机械中应用极为广泛。

键连接的分类如下：

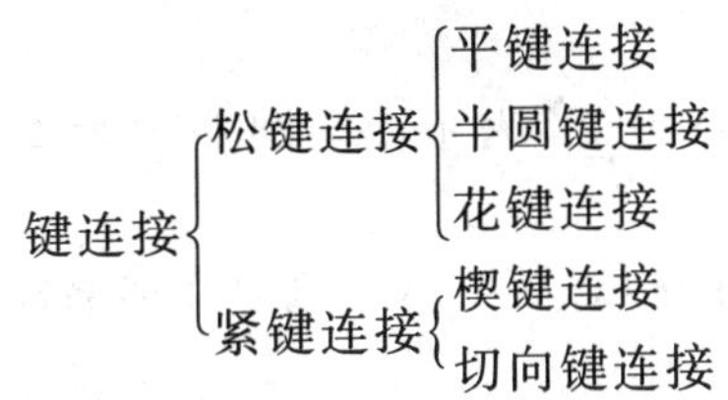

【学习内容】

一、平键连接的种类

平键连接的特点是靠平键的两侧面传递转矩。因此，键的两侧面是工作面，对中性好。

而键的上表面与轮毂上的键槽底面留有间隙，以便于装配。根据用途不同，平键分为普通型平键、导向型平键和滑键等。

（1）普通型平键连接　普通型平键连接如图 11-2 所示。普通型平键的两侧面是工作表面，连接时与键槽接触，键的顶端与孔上的键槽顶面之间有间隙。

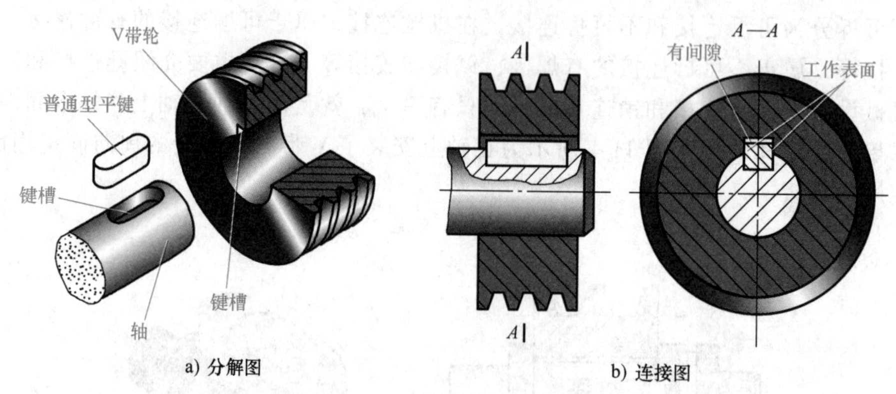

图 11-2　普通型平键连接

（2）普通型平键与键槽的形状及尺寸　普通型平键按键的端部形状不同，分为圆头（A 型）、平头（B 型）和半圆头（C 型）三种形式，如图 11-3 所示。圆头普通型平键（A 型）在键槽中不会发生轴向移动，因而应用最广，半圆头普通型平键（C 型）则多应用于轴的端部。

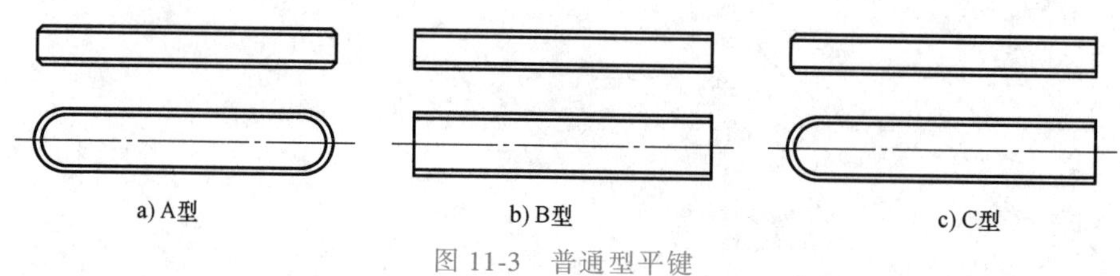

图 11-3　普通型平键

（3）键的材料　键的材料通常选用 45 钢。当轮毂为非铁金属或非金属时，键可用 20 钢或 Q235 钢制造。普通型平键工作时，轴和轴上零件沿轴向不能有相对移动。

二、平键连接的标记

（1）普通型平键的标记　普通型平键的标记示例如下：

“GB/T 1096　键 16×10×100”表示：圆头普通型平键、$b=16$mm、$h=10$mm、$L=100$。

“GB/T 1096　键 B16×10×100”表示：平头普通型平键、$b=16$mm、$h=10$mm、$L=100$mm。

“GB/T 1096　键 C16×10×100”表示：半圆头普通型平键、$b=16$mm、$h=10$mm、$L=100$mm。

国家标准规定：在普通型平键标记中，A 型普通平键省略代表型号的字母 A，B 型和 C 型必须标出代表型号的字母。

（2）平键的选用与尺寸公差　平键是标准件，采用基轴制配合，只需根据用途、轮毂长度等选取键的类型和尺寸。平键及键槽的剖面尺寸与公差见表 11-1。

表 11-1　平键连接尺寸（摘自 GB/T 1096 和 GB/T 1095）　　（单位：mm）

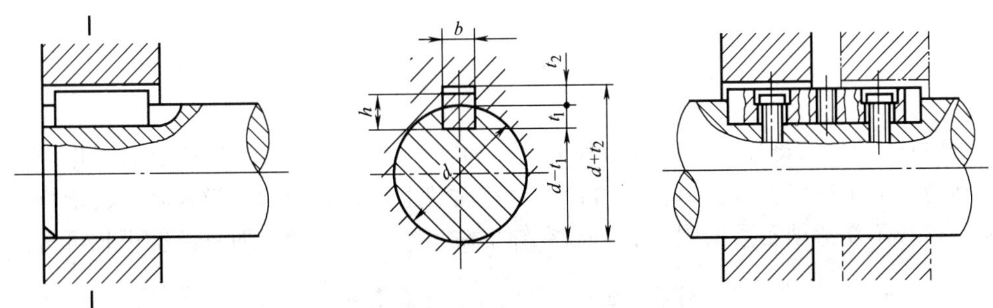

轴尺寸	键尺寸			键槽										
公称直径 d	b (h8)	h (h11)	L (h14)	宽度 b 极限偏差 松连接 轴 (H9)	宽度 b 极限偏差 松连接 毂 (D10)	宽度 b 极限偏差 正常连接 轴 (N9)	宽度 b 极限偏差 正常连接 毂 (Js9)	宽度 b 极限偏差 紧密连接 轴和毂 (P9)	深度 轴 t_1 公称尺寸	深度 轴 t_1 极限偏差	深度 毂 t_2 公称尺寸	深度 毂 t_2 极限偏差	半径 r min	半径 r max
>10~12	4	4	8~45	+0.030 0	+0.078 +0.030	0 -0.030	±0.015	-0.012 -0.014	2.5	+0.1 0	1.8	+0.1 0	0.08	0.16
>12~17	5	5	10~56						3.0		2.3		0.16	0.25
>17~22	6	6	14~70						3.5		2.8			
>22~30	8	7	18~90	+0.036 0	+0.098 +0.040	0 -0.036	±0.018	-0.015 -0.051	4.0	+0.2 0	3.3	+0.2 0		
>30~38	10	8	22~110						5.0		3.3		0.25	0.40
>38~44	12	8	28~140	+0.043 0	+0.120 +0.050	0 -0.043	±0.0215	-0.018 -0.061	5.0		3.3			
>44~50	14	9	36~160						5.5		3.8			
>50~58	16	10	45~180						6.0		4.3			
>58~65	18	11	50~200						7.0		4.4			
>65~75	20	12	56~220	+0.052 0	+0.149 +0.065	0 -0.052	±0.026	-0.022 -0.074	7.5		4.9		0.40	0.60
>75~85	22	14	63~250						9.0		5.4			
>85~95	25	14	70~280						9.0		5.4			
95~110	28	16	80~320						10.0		6.4			
L 系列	6,8,10,12,14,16,18,20,22,25,28,32,36,40,45,50,56,63,70,80,90,100,110,125,140,160,180,200,220,250,280,320,360,400,450,500													

（3）导向型平键和滑键连接　当被连接的齿轮等零件的轮毂需要在轴上沿轴向移动时，可采用导向型平键和滑键连接。

1）导向型平键连接，导向型平键连接如图 11-4 所示。导向型平键比普通型平键长，为防止松动，通常用螺钉固定在轴上的键槽中，键与轮毂槽采用间隙配合，因此，轴上零件能作轴向滑动。为便于拆卸，键上设有起键螺纹孔。导向型平键常用于轴上零件移动量不大的场合，如机床变速器中的滑移齿轮。

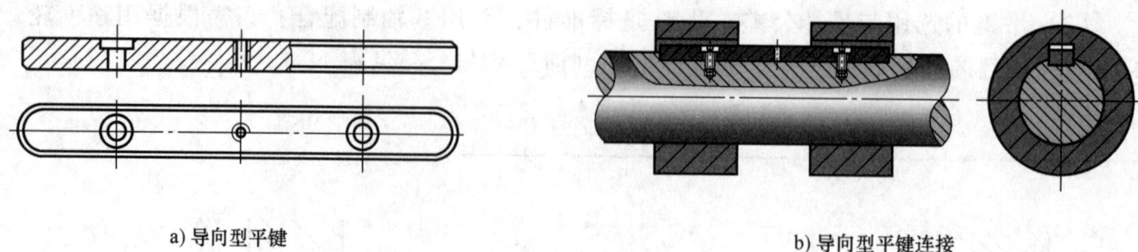

图 11-4　导向型平键及连接

2）滑键连接，滑键连接一般有两种形式，如图 11-5 所示。滑键的侧面为工作面，靠侧面传递动力，对中性好，拆装方便。滑键固定在轮毂上，轮毂带动滑键在轴上的键槽中作轴向滑移。键长不受滑动距离的限制，只需在轴上铣出较长的键槽，而且滑键可长可短。

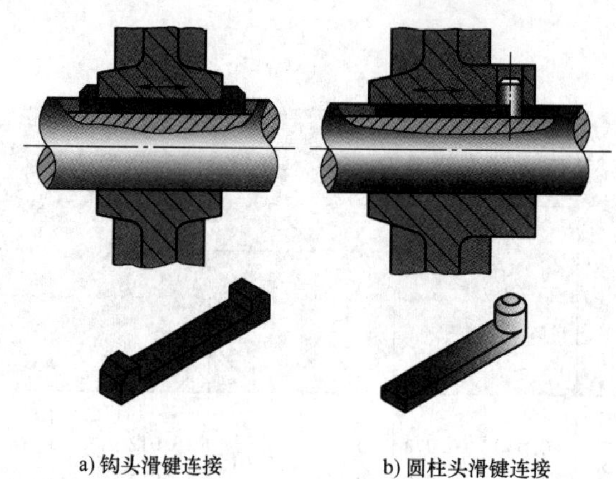

图 11-5　滑键连接

（4）平键连接的应用范围（见表 11-2）

表 11-2　平键连接应用范围

平键连接的配合种类	应用范围
松连接	主要用于导向型平键
正常连接	用于传递载荷不大的场合，在一般机械制造中应用广泛
紧密连接	用于传递重载荷、冲击载荷及双向传递转矩的场合

三、其他形式的键连接

（1）半圆键连接　半圆键连接如图 11-6 所示。半圆键的两个侧面为两个相互平行的半圆形，工作时靠两侧面传递转矩。半圆键的特点是半圆键呈半圆形，能在轴的键槽内摆动，以适应轮毂底面的斜度，用于静连接，安装方便，尤其适用于锥形轴与轮毂的连接。由于键槽较深，对轴强度影响较大，半圆键连接一般只用于轻载场合。

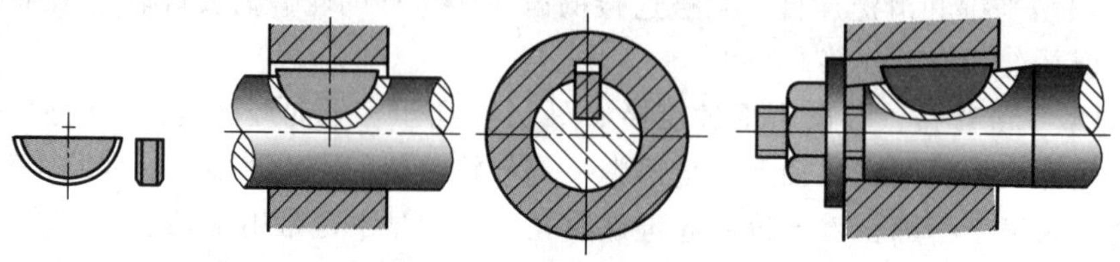

图 11-6　半圆键连接

（2）花键连接　花键连接是由带多个纵向凸齿的轴和带有相应齿槽的轮毂孔组成的，分别称为外花键和内花键，如图 11-7 所示。齿的侧面为工作面，依靠这些齿侧面的相互挤压来传递转矩。与平键连接相比，花键连接由于键齿较多、齿槽较浅，因此能传递较大的转矩，对轴的强度削弱较小，且使轴上零件与轴的对中性和沿轴移动的导向性都较好，但其加工复杂、制造成本高。

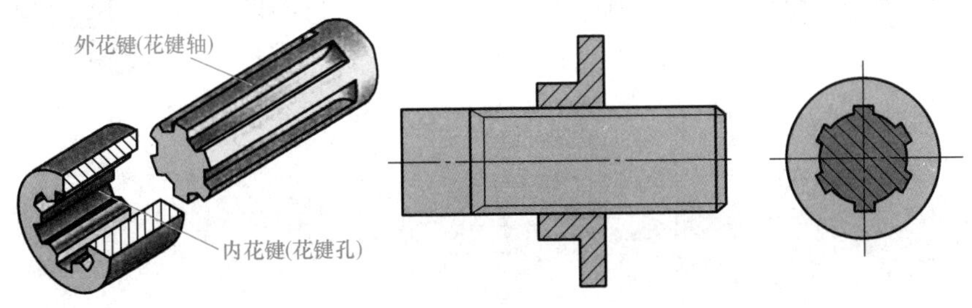

图 11-7　花键连接

花键连接一般用于定心精度要求高、载荷大或需要经常滑移的重要连接。花键连接按其剖面形状不同可以分为矩形花键连接、渐开线花键连接和三角形花键连接等。前者应用最广，因为它具有良好的导向性和定心精度，承载能力强，且加工方便。

（3）楔键连接　楔键连接如图 11-8 所示，楔键包括普通楔键和钩头型楔键两种。楔键的上表面有 1∶100 的斜度，轮毂槽的底面也有 1∶100 的斜度，两侧面互相平行，上下平面是工作面。装配时需靠外力打入。键楔打入轴和轮毂槽后，依靠上下表面的摩擦力传递转矩，并能承受单向轴向力而起轴向固定作用。由于键楔打入时迫使轮毂与轴产生偏心，因此楔键仅适用于定心精度要求不高、载荷平稳和低速的连接。钩头型楔键的钩头是为了易于拆卸，只用于轴端连接。

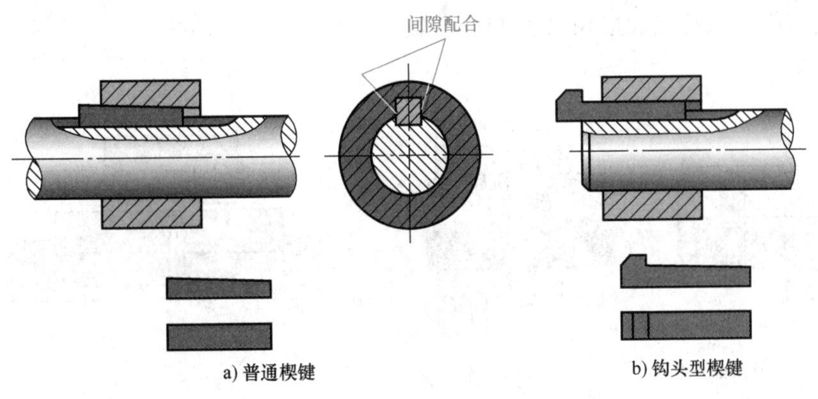

图 11-8　楔键连接

（4）切向键连接　切向键是由一对斜度为 1∶100 的普通楔键组合而成的，装配时，两个楔键分别从轮毂的两端打入，使其两斜面相互贴合，两键拼合后上下两面互相平行，构成切向键的工作面，装配后应使其中一个面在通过轴线的平面内，从而使工作面上的压力沿轴的切线方向作用，最大限度地传递转矩。若采用一个切向键连接，则只能传递单向的转矩；若需要传递双向转矩，应装两个楔键，互成 120°~135°，如图 11-9 所示。

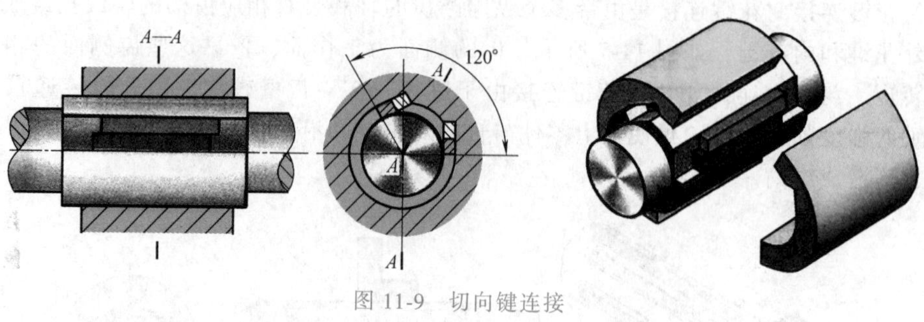

图 11-9　切向键连接

第二节　销　连　接

【学习目标】

1. 了解销的基本形式。
2. 掌握销连接的特点和应用。

【知识导入】

一、销的作用与分类

销是标准件，根据销连接的作用，销可分为连接销、定位销和安全销等。

（1）连接销　主要用于零件间的连接或锁定，可传递不大的载荷，如图 11-10a 所示。

（2）定位销　用于确定零件之间的相对位置，常用作组合加工和装配时的主要辅助零件，如图 11-10b 所示。

（3）安全销　可作为安全装置中的被剪断零件，起过载保护作用，如图 11-10c 所示。

常用销的类型、特点和应用见表 11-3。

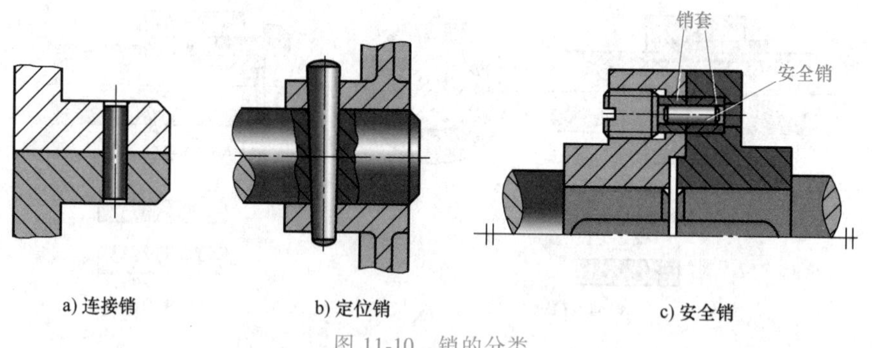

a) 连接销　　b) 定位销　　c) 安全销

图 11-10　销的分类

表 11-3　常用销的类型、特点和应用

类型		图形	特点和应用
圆柱销	普通圆柱销		主要用于定位，也可用于连接，只能传递不大的载荷。内螺纹圆柱销多用于不通孔，内螺纹供拆卸用。弹性圆柱销具有弹性，不易松脱，销孔精度要求低，互换性好，可多次装拆，用于有冲击、振动的场合
	内螺纹圆柱销		

（续）

类型		图形	特点和应用
圆柱销	弹性圆柱销		主要用于定位,也可用于连接,只能传递不大的载荷。内螺纹圆柱销多用于不通孔,内螺纹供拆卸用。弹性圆柱销具有弹性,不易松脱,销孔精度要求低,互换性好,可多次装拆,用于有冲击、振动的场合
圆锥销	普通圆锥销		主要用于定位,也可用于固定零件,传递动力,受横向力时能自锁。定位精度比圆柱销高,多用于经常装拆的场合。螺纹供拆卸用
	内螺纹圆锥销		
	螺尾圆锥销		
开口销			工作可靠、装拆方便,可用于锁定其他紧固件,以防止松脱,常与槽形螺母合用

二、销的选用与材料

圆柱销（图 11-11a）主要用作定位销，也可作为连接销和安全销，利用微量过盈配合固定在销孔中，多次装拆后会降低定位精度和连接的可靠性，故只适用于不经常拆卸的场合。

需要经常拆装的场合适宜采用圆锥销（图 11-11b），圆锥销和销孔均有 1：50 的锥度，装拆方便，有可靠的自锁性能，定位精度高，多次装拆不影响定位精度。

图 11-11c 所示为大端带外螺纹的圆锥销，便于装拆，可用于不通孔；图 11-11d 所示为小端带外螺纹的圆锥销，可用螺母锁紧，适用于有冲击的场合。

销起定位作用时一般不承受载荷，并且使用的数目不得少于两个。一般来说，销作为安全销使用时还应有销套及相应结构。

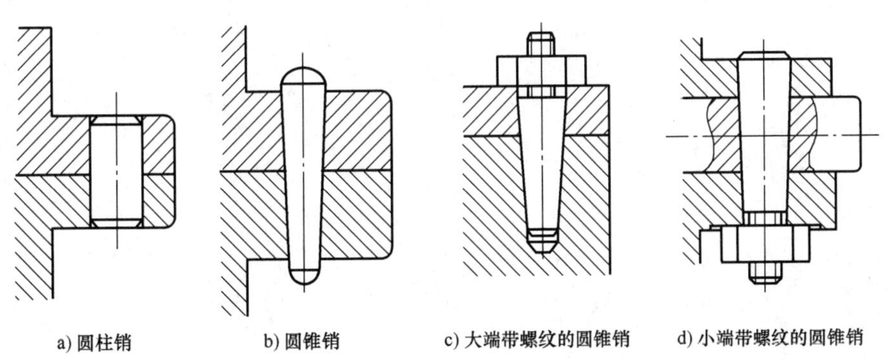

a) 圆柱销　b) 圆锥销　c) 大端带螺纹的圆锥销　d) 小端带螺纹的圆锥销

图 11-11　销连接

销的材料常选用 35 钢或 45 钢，并经热处理达到一定硬度。通常对销孔的精度要求较高，一般需要铰制。

【本章习题】

一、填空题

1. 圆柱销和圆锥销的作用有__________、__________和__________三种。

2. 销按形状进行分类，可分为__________、__________和__________。

二、选择题

1. 圆锥销具有（　　）的锥度，所以不容易松动。

A. 1∶100　　B. 1∶50　　C. 1∶25

2. 紧定螺钉能使零件位置固定，并（ ）力或力矩。

A. 不能传递　　B. 可传递不太大的　　C. 能传递很大的

三、简答题

1. 销连接有哪些作用？

2. 销连接用于传递转矩时，与键连接相比，存在哪些特点？

第十二章　轴　　承

从自行车到电风扇，从汽车到机床，所有机械传动的部位几乎都有轴承的存在。在机械中，轴承是支承转动的轴及轴上零件的部件，用以保证轴的旋转精度，减少轴与轴座之间的摩擦和磨损，轴承性能的好坏直接影响机器的使用性能。根据摩擦性质不同，轴承分为滚动轴承和滑动轴承两大类。图 12-1a 所示为滚动轴承，图 12-1b 所示为滑动轴承。轴承一般成对使用，可支承重载、高速或精密的轴件。

a) 滚动轴承

b) 滑动轴承

图 12-1　轴承

第一节　滚动轴承

【学习目标】

1. 了解滚动轴承的基本结构和基本类型。
2. 掌握滚动轴承代号的表示方法。
3. 了解滚动轴承的选用原则。
4. 了解滚动轴承的安装与润滑。

【知识导入】

滚动轴承是将运转的轴与轴座之间的滑动摩擦变为滚动摩擦，从而减少摩擦损失的一种精密的机械元件，滚动轴承具有摩擦阻力小、容易起动、效率高、轴向尺寸小等优点，而且由于大量标准化生产，具有制造成本低的优点，因而在生产生活中广泛应用（图 12-2）。

图 12-2 滚动轴承的应用实例

【学习内容】

一、滚动轴承的结构、类型

1. 滚动轴承的结构组成与特点

滚动轴承的结构如图 12-3 所示，一般由内圈、外圈、滚动体和保持架四部分组成。内圈的作用是与轴相配合并与轴一起旋转；外圈的作用是与轴承座相配合，起支承作用；滚动体借助于保持架均匀分布在内圈和外圈之间，其形状大小和数量直接影响滚动轴承的使用性能和寿命，常见的滚动体形状如图 12-4 所示。保持架能使滚动体均匀分布，引导滚动体旋转，减少滚动体之间的碰撞和摩擦，常见的保持架形状如图 12-5 所示。

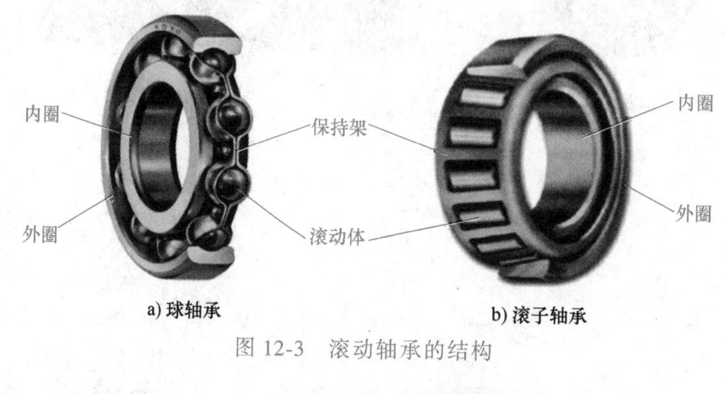

图 12-3 滚动轴承的结构

球 圆柱滚子 圆锥滚子 球面滚子 滚针

图 12-4 滚动体

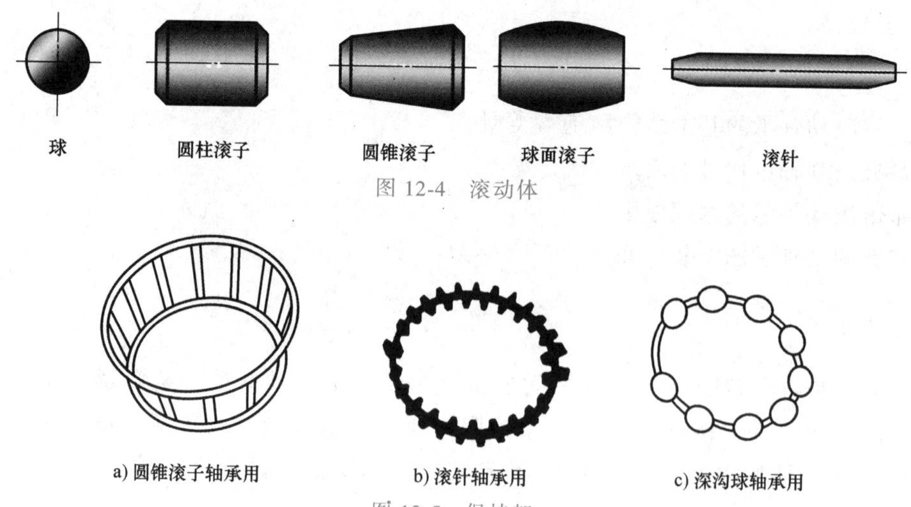

图 12-5 保持架

2. 滚动轴承的基本类型

滚动轴承主要依据承受的载荷方向（或公称接触角）和滚动体的种类分类。所以，滚动轴承的一个重要参数就是接触角。接触角是指滚动体和套圈接触处的法线与轴承径向平面之间的夹角，用字母 α 表示，称为公称接触角。α 越大，则轴承承受轴向载荷的能力就越大。为满足各种不同的工况条件要求，滚动轴承有多种不同的类型。常用滚动轴承的类型和特性见表 12-1。

表 12-1　常用滚动轴承的类型和特性

名称		结构图	简图 承载方向	类型代号	基本特性
调心球轴承				1	主要承受径向载荷，同时可承受少量的双向轴向载荷。外圈内滚道为球面，能自动调心，允许角偏差小于 3°，适用于弯曲刚度小的轴
调心滚子轴承				2	主要承受径向载荷，同时能承受少量的双向轴向载荷。其承载能力比调心球轴承大，具有自动调心性能，允许角偏差小于 2.5°，适用于重载和有冲击载荷的场合
推力调心滚子轴承				2	能承受很大的轴向载荷和不大的径向载荷，允许角偏差小于 3°，适用于重载和要求调心性能好的场合
圆锥滚子轴承				3	能同时承受较大径向载荷和单向轴向载荷。内、外圈可分离，通常成对使用，对称布置安装
双列深沟球轴承				4	主要承受径向载荷，也能承受一定的双向轴向载荷。它比深沟球轴承的承载能力大
推力球轴承	单向			5 (5100)	只能承受单向轴向载荷，适用于轴向载荷大而转速不高的场合
	双向			5 (5200)	可承受双向轴向载荷，用于轴向载荷大、转速不高的场合

（续）

名称	结构图	简图 承载方向	类型代号	基本特性
深沟球轴承			6	主要承受径向载荷，可承受少量双向轴向载荷。摩擦阻力小，极限转速高，结构简单，价格便宜，应用最广泛
角接触球轴承			7	能同时承受径向载荷和轴向载荷，公称接触角 α 有 15°、25°、40° 三种。接触角越大，承受轴向载荷的能力越大。适用于转速较高、同时承受径向和轴向载荷的场合
推力圆柱滚子轴承			8	能承受很大的单向轴向载荷。承载能力比推力球轴承大得多，不允许有角偏差
圆柱滚子轴承			N	外圈无挡边，只能承受纯径向载荷。与球轴承相比，承受载荷的能力较大，尤其是承受冲击载荷，但极限转速较低

二、滚动轴承的代号

滚动轴承的代号由三个部分代号所组成：前置代号、基本代号和后置代号，见表 12-2。

表 12-2 轴承代号

前置代号	基本代号					后置代号
	一	二	三	四	五	
轴承分部件代号	类型代号	尺寸系列代号		内径代号		轴承在结构、形状、尺寸、公差及技术要求等方面的补充代号
		宽（高）度系列代号	直径系列代号			

1. 基本代号

基本代号是表示轴承主要特征的基础部分，也是应着重掌握的内容，包括轴承类型、尺寸系列和内径。

（1）类型代号　轴承类型代号用数字或字母表示，见表 12-3。

表 12-3 轴承的类型代号

类型代号	轴承类型	类型代号	轴承类型
0	双列角接触球轴承	6	深沟球轴承
1	调心球轴承	7	角接触球轴承
2	调心滚子轴承和推力调心滚子轴承	8	推力圆柱滚子轴承
3	圆锥滚子轴承	N	圆柱滚子轴承
4	双列深沟球轴承	U	外球面球轴承
5	推力球轴承	QJ	四点接触球轴承

(2) 尺寸系列代号 尺寸系列代号是由轴承的直径系列代号和宽（高）度系列代号组合而成，用两位数字表示。

宽度系列是指向心轴承或推力轴承的结构、内径和直径都相同，而宽度为一系列不同尺寸，用基本代号右起第四位数字表示，代号依 8、0、1、2、3、4、5、6 次序递增（推力轴承的高度系列代号依 7、9、1、2 顺序递增），如图 12-6 所示为圆锥滚子轴承不同宽度系列的尺寸变化情况。当宽度系列为 0 系列时，对多数轴承在代号中可以不予标出（但对调心轴承需要标出）。

直径系列表示同一类型、相同内径的轴承在外径和宽度上的变化系列，用基本代号右起第三位数字表示（滚动体尺寸随之增大）。外径尺寸按代号 7、8、9、0、1、2、3、4、5 顺序增大。图 12-7 所示为深沟球轴承不同直径系列的尺寸变化情况。

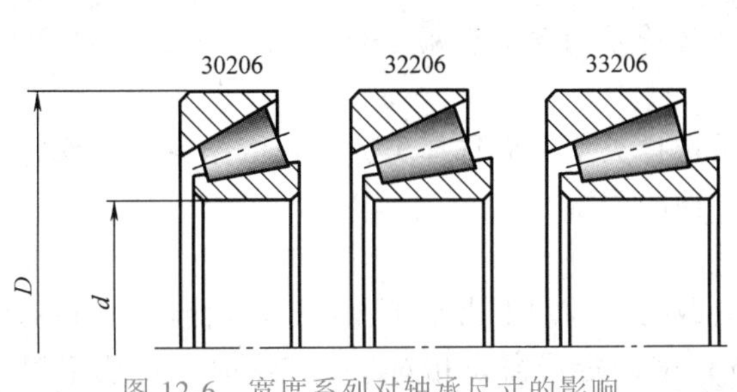

图 12-6 宽度系列对轴承尺寸的影响

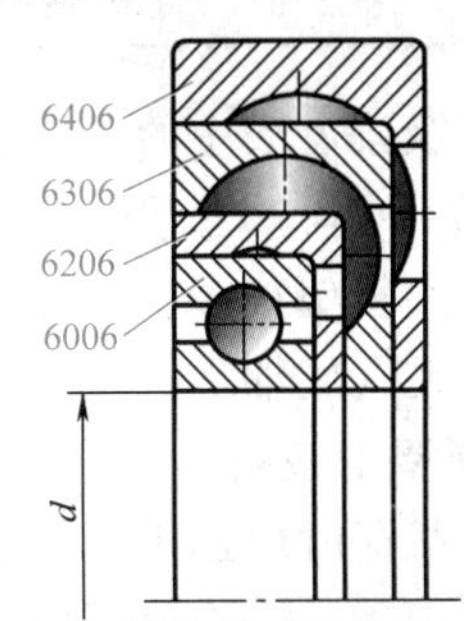

图 12-7 直径系列对轴承尺寸的影响

(3) 内径代号 内径代号是用两位数字表示轴承的内径：内径 $d=10\sim480$mm 的轴承内径表示方法见表 12-4，其他有关尺寸的轴承内径需查阅有关手册和标准。

表 12-4 轴承内径代号

内径代号	00	01	02	03	04~96
轴承内径/mm	10	12	15	17	代号数×5

2. 前置代号、后置代号

前置、后置代号是轴承在结构形状、尺寸、公差、技术要求等有改变时，在基本代号左右添加的补充代号。

前置代号用字母表示，用以说明成套轴承部件的特点，一般轴承无须作此说明，则前置代号可以省略。

后置代号用字母和字母-数字的组合来表示，按不同的情况可以紧接在基本代号之后或者用“-”“/”符号隔开。

常见的轴承内部结构代号及公差等级代号见表 12-5 和表 12-6。

表 12-5 内部结构代号

代号	含义及示例
C	角接触球轴承 公称接触角 $\alpha=15°$ 7005 C
	调心滚子轴承 23122C
AC	角接触球轴承 公称接触角 $\alpha=25°$ 7210 AC
B	角接触球轴承 公称接触角 $\alpha=40°$ 7210 B
	圆锥滚子轴承 接触角加大 32310 B
E	加强型(即内部结构设计改进,增大轴承承载能力)NU207E

表 12-6　轴承公差等级代号

代号	说明	示例
/PN	公差等级符合标准规定的普通级,代号中省略不表示	6203
/P6	公差等级符合标准规定的 6 级	6203/P6
/P6X	公差等级符合标准规定的 6X 级	30210/P6X
P5	公差等级符合标准规定的 5 级	6203/P5
P4	公差等级符合标准规定的 4 级	6203/P4
P2	公差等级符合标准规定的 2 级	6203/P2
/SP	尺寸精度相当于 5 级,旋转精度相当于 4 级	234420/SP
/UP	尺寸精度相当于 4 级,旋转精度高于 4 级	234730/UP

其公差等级按上表中的顺序依次提高。其他各符号的含义查阅 GB/T 272—2017。

三、滚动轴承的选用

滚动轴承的类型很多，因此选用轴承首先是选择类型。而选择类型必须依据各类轴承的特性，同时，在选用轴承时还要考虑下面几个方面的因素：

1. 轴承所受的载荷（大小、方向和性质）

受纯径向载荷时应选用向心轴承，受纯轴向载荷应选用推力轴承，对于同时承受径向载荷和轴向载荷的轴承，应根据两者的比值（a/r）来确定：当 a 相对于 r 较小时，可选用深沟球轴承、接触角不大的角接触球轴承或圆锥滚子轴承；当 r 相比较大时，可选用接触角较大的角接触球轴承；当 a 比 r 大很多时，则应考虑采用向心轴承和推力轴承的组合结构，以分别承受径向载荷和轴向载荷。

2. 轴承的转速

在一般转速下，转速的高低对类型选择不发生什么影响，只有当转速较高时，才会有比较显著的影响。

3. 调心性能的要求

对于因支点跨距大而使轴刚性较差，或因轴承座孔的同轴度低等原因而使轴挠曲时，为了适应轴的变形，应选用允许内外圈有较大相对偏斜的调心轴承。

在使用调心轴承的轴上，一般不宜再使用其他类型的轴承，以免受其影响而失去了调心作用。

滚子轴承对轴线的偏斜最敏感，调心性能差。在轴的刚度和轴承座的支承刚度较低的情况下，应尽可能避免使用。

4. 拆装方便等其他因素

选择轴承类型时，还应考虑到轴承装拆的方便性、安装空间尺寸的限制以及经济性问题。例如，在轴承的径向尺寸受到限制的时候，就应选择同一类型、相同内径轴承中外径较小的轴承，或考虑选用滚针轴承。

在轴承座没有剖分面而必须沿轴向安装和拆卸时，应优先选择内、外圈可分离的轴承。

球轴承比滚子轴承便宜，在能满足需要的情况下应优先选用球轴承。同型号不同公差等级的轴承价格相差很大，故对高精度轴承应慎重选用。

四、滚动轴承的安装、润滑与密封

1. 滚动轴承的安装

滚动轴承部件的组合安装，是指把滚动轴承安装到机器中去，与轴、轴承座、润滑及密封装置等组成一个有机的整体。它包括轴承的布置、固定、调整、预紧和配合等方面。

一般情况下，滚动轴承的内圈装在被支承轴的轴颈上，外圈装在轴承座（或机座）孔内。安装滚动轴承时，对其内、外圈都要进行必要的轴向固定，以防运转中产生轴向窜动。

轴承内圈在轴上通常用轴肩或套筒定位，定位端面与轴线要保持良好的垂直度。轴承内圈的轴向固定应根据所受轴向载荷的情况，适当选用轴端挡圈、圆螺母或轴用弹性挡圈等固定形式。常用的轴承内圈的轴向固定形式见表 12-7。

表 12-7　常用的轴承内圈的轴向固定形式

形式	利用轴肩的单向固定	利用轴肩和弹性挡圈的双向固定
图例		弹性挡圈
图例	轴端挡圈 螺钉	止动垫圈 圆螺母

轴承外圈在机座孔中一般用座孔的台阶定位，定位端面与轴线也需保持良好的垂直度。轴承外圈的轴向固定可采用轴承盖或孔用弹性挡圈等（表 12-8）。

表 12-8　常用轴承外圈的轴向固定形式

形式	利用轴承盖的单向固定	利用轴承盖和台阶的双向固定	利用弹性挡圈和台阶的双向固定
图例	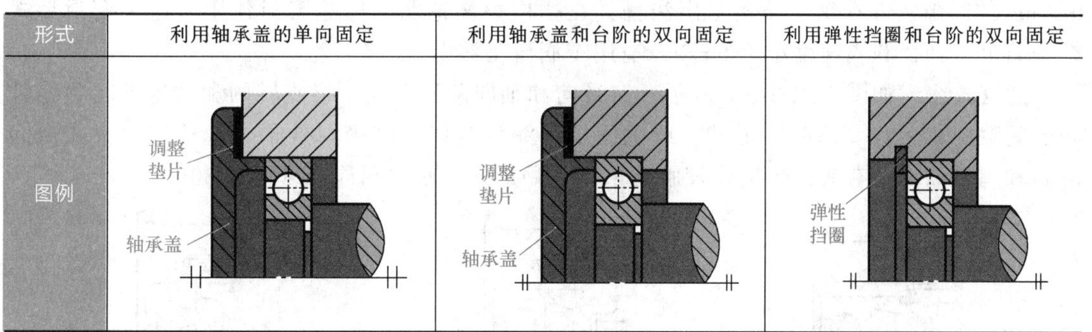		

2. 滚动轴承的润滑

保证良好的润滑是维护保养轴承的主要手段。润滑可以降低摩擦阻力，减轻磨损。同时，还具有降低接触应力、缓冲吸振及防腐蚀等作用。

常用滚动轴承的润滑剂为润滑脂和润滑油两种。

3. 滚动轴承的密封

轴承密封装置是为了防止灰尘、水等其他杂质进入轴承，并防止润滑剂流出而设置的。常见的密封装置有接触式和非接触式密封两类。

(1) 接触式密封　在轴承盖内放置软材料（毛毡、橡胶圈或皮碗等），与转动轴直接接触而起密封作用。这种密封多用于转速不高的情况，同时要求与密封接触的轴表面硬度大于40HRC，表面粗糙度值小于0.8μm。接触式密封有毡圈密封和皮碗密封两种。

毡圈密封如图12-8所示。在轴承盖上开出梯形槽，将矩形剖面的细毛毡放置在梯形槽中与轴接触。这种密封结构简单，但摩擦较严重，主要用于轴径圆周速度小于5m/s的油脂润滑结构。

皮碗密封，如图12-9所示。在轴承盖中放置一个密封皮碗，它是用耐油橡胶等材料制成的，并装在一个钢外壳之中（有的没有钢壳）的整体部件，皮碗与轴紧密接触而起密封作用。为增强封油效果，用一个螺旋弹簧压在皮碗的唇部。唇的方向朝向密封部位，主要目的是防止漏油；唇朝外，主要目的是防尘。当采用两个皮碗相背放置时，既可以防尘又可以起密封作用。

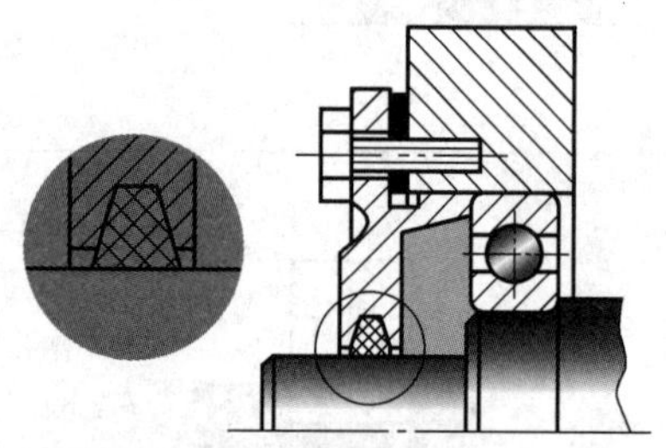

图12-8　毡圈密封

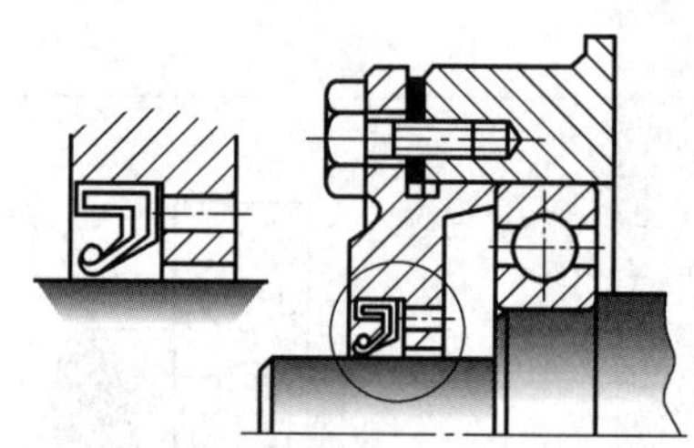

图12-9　皮碗密封

接触式密封结构简单，安装方便，使用可靠，一般适用于轴颈圆周速度小于7m/s的场合。

(2) 非接触式密封　非接触式密封不与轴直接接触，多用于速度较高的场合。非接触式密封常见的有间隙密封和迷宫式密封两种。

间隙密封也称为油沟式密封，如图12-10a所示。在轴与轴承盖的通孔壁之间留有0.1~0.3mm的间隙，并在轴承盖上车出沟槽，在槽内填满油脂，以起密封作用。这种密封形式结构简单，轴径圆周速度小于6m/s，适用于润滑脂润滑。

迷宫式密封如图12-10b、c所示，有径向和轴向两种形式。将旋转的和固定的密封零件间的间隙制成迷宫（曲路）形式，缝隙间填满润滑脂以加强密封效果。这种密封方式对润滑脂和润滑油都很有效，环境比较脏时采用这种形式，轴颈圆周速度可达30m/s。

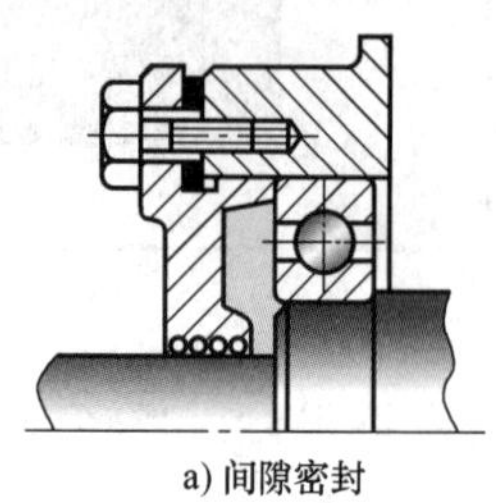

a) 间隙密封

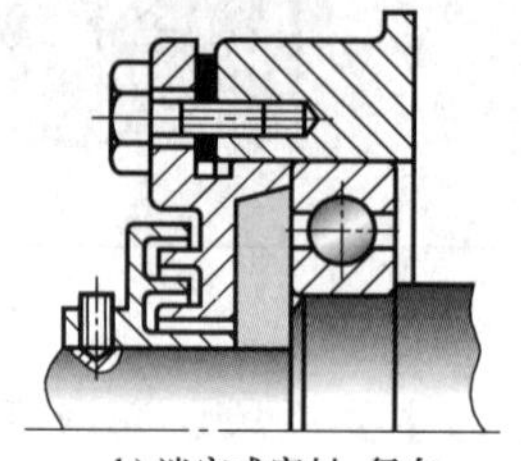

b) 迷宫式密封：径向

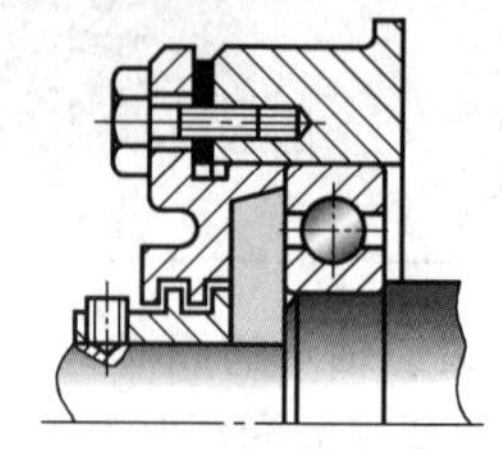

c) 迷宫式密封：轴向

图12-10　非接触式密封

第二节 滑动轴承

【学习目标】

1. 了解滑动轴承的类型、结构形式及应用特点。
2. 了解轴瓦的结构要求。
3. 了解常用滑动轴承的润滑方式。

【知识导入】

滑动轴承是指在滑动摩擦下工作的轴承。与滚动轴承相比，滑动轴承的主要优点是运转平稳可靠，径向尺寸小，承载能力大，抗冲击能力强，能获得很高的旋转精度，可实现液体润滑，并能在较恶劣的条件下工作。滑动轴承适用于低速、重载或转速特别高、对轴的支承精度要求较高以及径向尺寸受限制的场合，比如汽轮机、精密机床和重型机械等。

【学习内容】

一、滑动轴承的类型

滑动轴承按摩擦状态可分为液体摩擦滑动轴承和非液体摩擦滑动轴承，按轴承所承受载荷的方向不同分为径向滑动轴承和止推滑动轴承。

滑动轴承主要由轴承座、轴瓦或轴套、润滑装置和密封装置等部分组成。

滑动轴承结构简单，制造、加工、拆装方便；具有良好的耐冲击性和良好的吸振性能，运转平稳，旋转精度高；使用寿命长，但维护复杂，对润滑条件要求较高。滑动轴承在大型汽轮机、发电机、压缩机、轧钢机及高速磨床上应用较多，另外在一些低速而带有冲击载荷的机器中，如水泥搅拌器、滚筒清砂机、破碎机等冲压机械、农业机械中也多采用滑动轴承。

二、常用滑动轴承的结构特点

1. 整体式径向滑动轴承

整体式径向滑动轴承的结构如图 12-11 所示，它由轴承座、整体式轴瓦等部分组成。轴

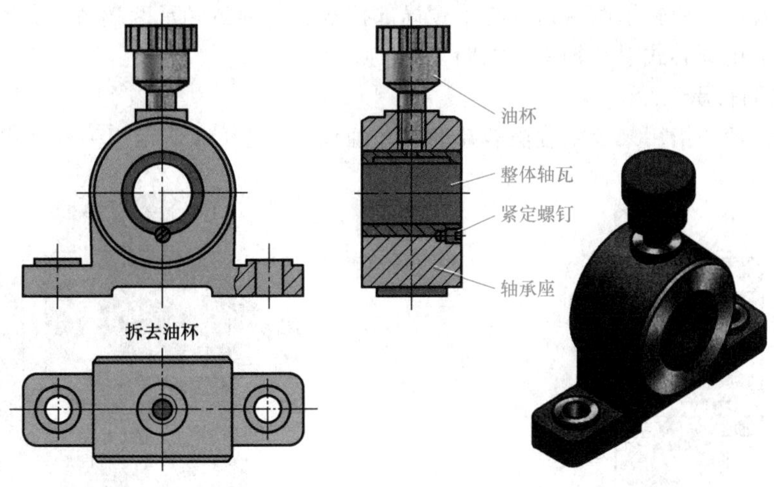

图 12-11 整体式径向滑动轴承

承座上面设有安装润滑油杯的螺纹孔，在轴瓦上开有油孔，并在轴瓦的内表面上开有油槽。

整体式径向滑动轴承的优点是结构简单，成本低廉。它的缺点是轴瓦磨损后，轴承间隙过大时无法调整；另外，只能从轴颈端部装拆，对于重型机械的轴或具有中间轴颈的轴，装拆很不方便。因此，它多用于低速、轻载或间歇性工作的机器中。

2. 剖分式径向滑动轴承

剖分式径向滑动轴承的结构如图 12-12 所示，它由轴承座、轴承盖、剖分式轴瓦和连接螺栓等组成。轴承盖和轴承座的剖分面常做成阶梯形，以便于对中定位。轴承盖上有螺纹孔，用于安装油杯或油管。剖分式轴瓦由上下两部分组成，在上轴瓦上开设油孔和油槽，润滑油通过油孔和油槽流入轴承间隙。

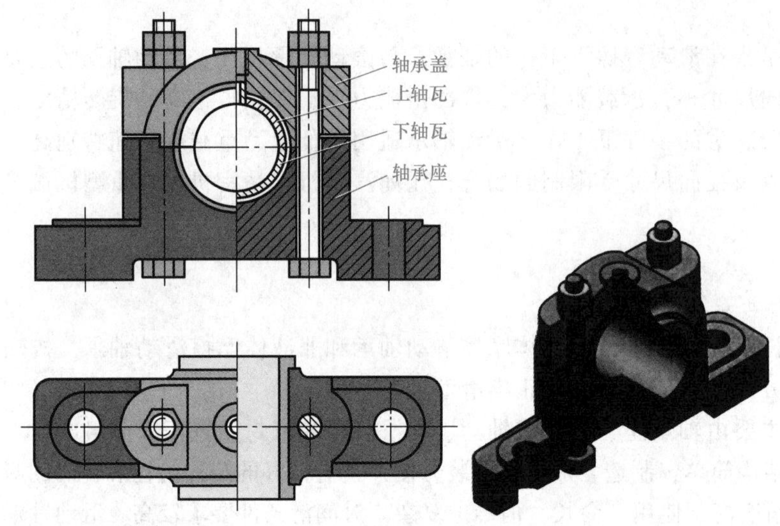

图 12-12　剖分式径向滑动轴承

剖分式径向滑动轴承装拆方便，磨损后轴承的径向间隙可以通过减少剖分面处的垫片厚度来调整，因此应用较广。

3. 调心式径向滑动轴承

当轴承宽度 B 较大时（$B/d>1.5\sim2$，d 为轴承的直径），轴的变形、装配或工艺原因，会引起轴颈的偏斜，使轴承两端边缘与轴颈局部接触，将导致轴承两端边缘急剧磨损，在这种情况下，应采用调心式滑动轴承，如图 12-13 所示。

4. 止推滑动轴承

止推滑动轴承是指用来承受轴向载荷的滑动轴承。图 12-14 所示为一种立式止推滑动轴

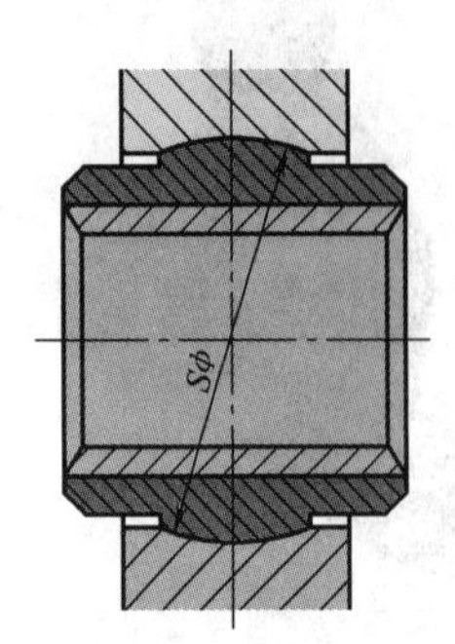

图 12-13　调心式径向滑动轴承

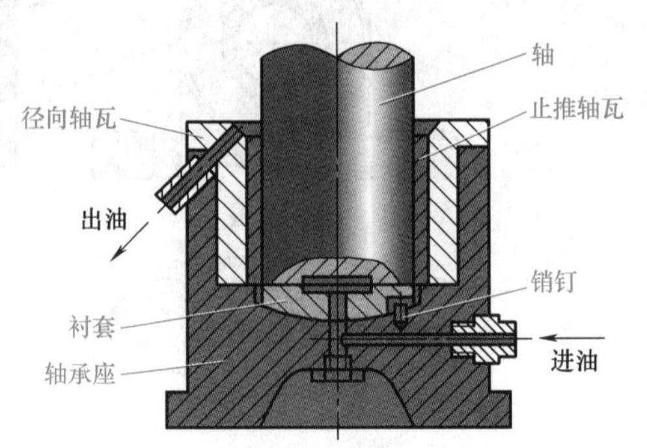

图 12-14　止推滑动轴承

承，由轴承座、衬套、径向轴瓦、止推轴瓦、销钉等组成，止推轴瓦的底部为球面，以便于对中和保证工作表面受力均匀；销钉用来防止止推轴瓦随轴转动。润滑油由下部油管注入，从上部油管导出。

三、轴瓦的结构及材料

1. 轴瓦的结构

径向滑动轴承的轴瓦有整体式的轴瓦和对开式的轴瓦两种。整体式轴瓦用于整体式滑动轴承，对开式轴瓦用于对开式滑动轴承。

整体式轴瓦的结构如图 12-15 所示，有整体轴瓦和卷制轴瓦等结构。图 12-15b 所示的轴瓦制有油孔与油沟，以便于给轴承注入润滑油。卷制轴瓦是用轴承材料或敷有轴承材料的钢带卷制而成的薄壁轴承。

对开式轴瓦的结构如图 12-16 所示，主要由上、下两半轴瓦组成，剖分面上开有轴向油槽，轴瓦由单层材料或多层材料制成。双层轴瓦由轴承衬背和减摩层组成，轴承衬背具有一定的强度和刚度，减摩层具有较好的减摩性和耐磨性。

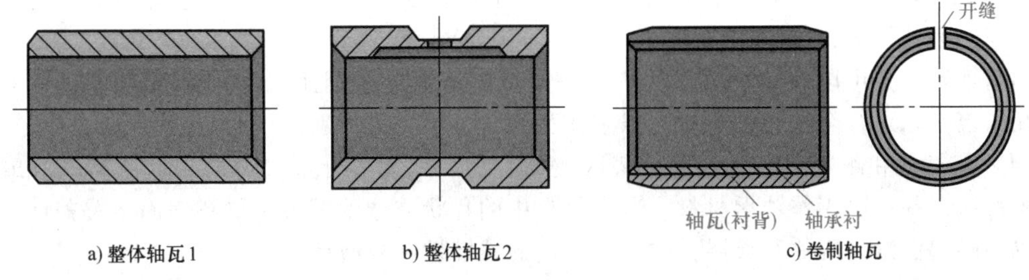

图 12-15　整体式轴瓦

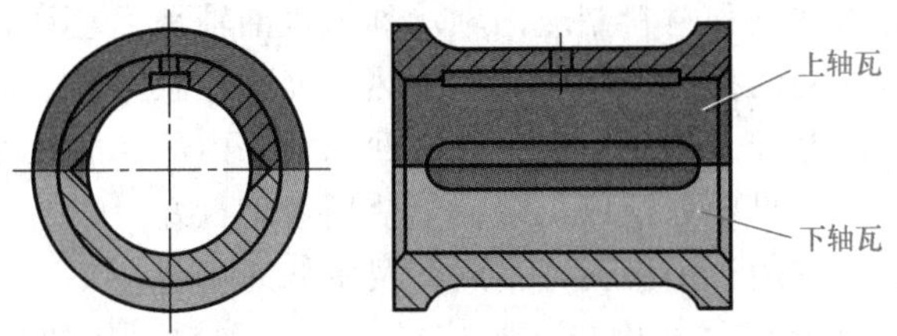

图 12-16　对开式轴瓦

为了将润滑油引入轴承并布满于工作表面，常在其上开有供油孔和油沟；供油孔和油沟应开在轴瓦的非承载区，否则会降低油膜的承载能力。轴向油沟也不应在轴瓦全长上开通，以免润滑油自油沟端部大量泄漏。常见的油沟形式如图 12-17 所示。

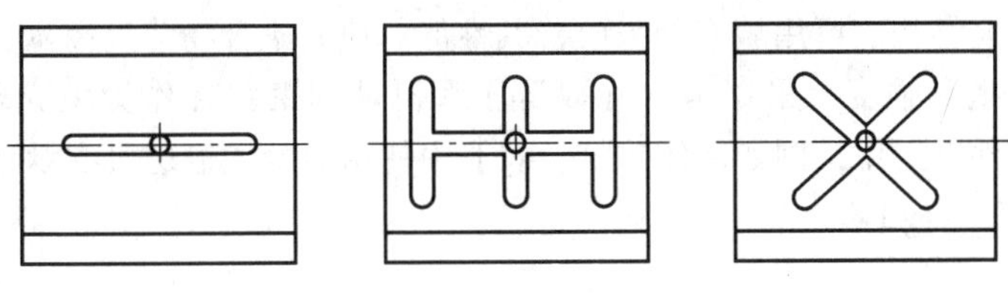

图 12-17　油沟形式

2. 轴瓦的材料

常用的材料可以分为三大类：金属材料，如轴承合金、铜合金、铝基合金、铸铁等；多孔质金属材料；非金属材料，如工程塑料、碳-石墨等。

(1) 轴承合金　轴承合金是锡、铅、锑、铜的合金，它以锡或铅作为基体，其内含有锑锡（Sb-Sn）或铜锡（Cu-Sn）的硬晶粒。硬晶粒起抗磨作用，软基体则增加材料的塑性。轴承合金的弹性模量和弹性极限都很低，在所有轴承材料中，它的嵌入性及摩擦顺应性最好，很容易和轴颈磨合，也不易与轴颈发生胶合。但轴承合金的强度很低，不能单独制作轴瓦，只能黏附在青铜、钢或铸铁轴瓦上作为轴承衬。

轴承合金适用于重载、中高速场合，价格较贵。

(2) 铜合金　铜合金具有较高的强度，较好的减摩性和耐磨性。青铜的减摩性和耐磨性比黄铜好，故青铜是最常用的材料。青铜有锡青铜、铅青铜和铝青铜等几种。

1) 锡青铜的减摩性和耐磨性最好，应用广泛，适用于重载及中速场合。

2) 铅青铜抗胶合能力强，适用于高速、重载轴承。

3) 铝青铜的强度及硬度较高，抗胶合能力较差，适用于低速重载轴承。

(3) 铝基轴承合金　铝基轴承合金在许多国家获得了广泛的应用。它有相当好的耐蚀性和较高的疲劳强度，摩擦性也较好。

铝基轴承合金可以制成单金属零件（如轴套、轴承等），也可以制成双金属零件，双金属轴瓦以铝基轴承合金作为轴承衬，以钢作为衬背。

(4) 灰铸铁和耐磨铸铁　普通灰铸铁或加有镍、铬钛等合金成分的耐磨灰铸铁，或者是球墨铸铁，都可以用作轴承材料。这类材料中的片状或球状石墨在材料表面上覆盖后，可以形成一层起润滑作用的石墨层，故具有一定的减摩性和耐磨性。

铸铁性脆、磨合性能差，故只适用于轻载低速和不受冲击载荷的场合。

(5) 多孔质金属材料　这是不同金属粉末经压制、烧结而成的轴承材料。这种材料是多孔结构的，孔隙占体积的10%~35%。使用前先把轴瓦在加热的油中浸渍数小时，使孔隙中充满润滑油，因而通常把这种材料制成的轴承称为含油轴承，它具有自润滑性。

工作时，由于轴颈转动的抽吸作用及轴承发热时油的膨胀作用，油便进入摩擦表面间起润滑作用；不工作时，因毛细管作用，油便被吸回到轴承内部，故在相当长的时间内，即使不加油仍能很好地工作。如果定期给以供油，则使用效果更好。

由于其韧性较小，故宜用于平稳无冲击载荷及中低速场合。

(6) 非金属材料　非金属材料中应用最广的是各种塑料，如酚醛树脂、尼龙、聚四氟乙烯等。聚合物的特性是：与许多化学物质不起反应，耐蚀性好。

碳-石墨是电动机电刷的常用材料，也是不良环境中的轴承材料。碳-石墨轴承具有自润滑性，它的自润性和减摩性取决于吸附的水蒸气量。

橡胶主要用于以水作为润滑剂或环境较脏污之处。橡胶轴承内壁上带有纵向沟槽，便于润滑剂的流通、加强冷却效果并冲走脏物。

木材具有多孔质结构，可用填充剂来改善其性能。填充聚合物能提高木材的尺寸稳定性和减少吸湿量，并能提高强度。采用木材（以溶于润滑油的聚乙烯作为填充剂）制成的轴承，可在灰尘极多的条件下工作，例如用作建筑、农业中使用的带式输送机支承滚子的滑动轴承。

四、滑动轴承的润滑

1. 润滑剂

润滑剂分为润滑油、润滑脂和固体润滑剂三类。

（1）润滑油　润滑油是滑动轴承中应用最广的润滑剂，目前使用的润滑油多为矿物油。润滑油最重要的物理性能是黏度，它也是选择润滑油的主要依据。黏度标志着液体流动的内摩擦性能。黏度越大，内摩擦阻力越大，液体的流动性越差。黏度的大小可用动力黏度（单位为 Pa·s）或运动黏度（单位为 m^2/s）来表示。

工业上多用运动黏度标定润滑油的黏度。根据国家标准，润滑油产品牌号一般按 40℃时的运动黏度平均值来划分，可查阅相关手册。

（2）润滑脂　润滑脂是在润滑油中添加稠化剂（如钙、钠、铝、锂等金属）后形成的胶状润滑剂。因为它黏度大，不宜流失，所以承载能力较大，但它的物理、化学性质不如润滑油稳定，摩擦功耗也大，故不宜在温度变化大或高速条件下使用。

目前使用最多的润滑脂是钙基润滑脂，它有耐水性，常用于 60℃以下的各种机械设备中的轴承润滑。钠基润滑脂可用于 115~145℃以下，但抗水性较差。锂基润滑脂性能优良，抗水性好，在-20~150℃范围内广泛使用，可以代替钙基、钠基润滑脂。

（3）固体润滑剂　常用的固体润滑剂有石墨和二硫化钼，在滑动轴承中主要以粉剂形式加入润滑油或润滑脂中，用于提高其润滑性能，减少摩擦损失，提高轴承使用寿命。尤其是在高温、重载下工作的轴承，采用添加二硫化钼的润滑剂，能获得良好的润滑效果。

2. 润滑方法和润滑装置

常用的滑动轴承润滑方法及装置见表 12-9。

表 12-9　滑动轴承的润滑方法及装置

润滑方式		图例	说明
间歇润滑	针阀式油杯		用于油润滑 将手柄提至垂直位置，针阀上升，油孔打开供油；手柄放置水平位置，针阀降回原位，停止供油。旋动调节螺母可调节注油量的大小
	旋套式油杯		用于油润滑 转动旋套，使旋套孔与杯体注油孔对正时可用油壶或油枪注油。不注油时，旋套壁遮挡杯体注油孔，起密封作用
	压配式油杯		用于油润滑或脂润滑 将钢球压下可注油。不注油时，钢球在弹簧的作用下，使杯体注油孔封闭

（续）

润滑方式		图例	说明
间歇润滑	旋盖式油杯		用于脂润滑 杯盖与杯体采用螺纹连接，旋合时在杯体和杯盖中都装满润滑脂，定期旋转杯盖，可将润滑脂挤入轴承内
连续润滑	芯捻式油杯		用于油润滑 杯体中储存润滑油，靠芯捻的毛细作用实现连续润滑。这种润滑方式注油量较小，适用于轻载及轴颈转速不高的场合
	油环润滑		用于油润滑 油环套在轴颈上并垂入油池，轴旋转时，靠摩擦力带动油环转动，将润滑油带到轴颈处进行润滑。这种润滑方式结构简单，但由于靠摩擦力带动油环甩油，故需轴的转速适当方能充足供油
	压力润滑		用于油润滑 利用油泵将压力润滑油送入轴承进行润滑。这种润滑方式工作可靠，但结构复杂，对轴承的密封要求高，且费用较高。适用于大型、重载、高速、精密和自动化机械设备

【本章习题】

一、填空题

1. 滚动轴承主要由________、________、________和________组成。

2. 滚动轴承代号由________代号、________代号和________代号构成。其中基本代号由________代号、________代号和________代号构成。

3. 滚动轴承的润滑剂有________和________两种。常用的密封装置有________和________两类。

4. 根据受载荷的方向不同，滑动轴承有________滑动轴承和________滑动轴承两种形式。

5. 常用径向滑动轴承的结构形式有________和________两种。

6. 常用的轴瓦有________和________两种形式。

7. 常用的轴承材料有________、________和________三种。

8. 润滑剂分________、________和________三种。

9. 滑动轴承常用的连续供油润滑方法有________、________和________三种。

二、简答题

1. 在选择滚动轴承时，要考虑哪几个方面的因素？

2. 滚动轴承的润滑和密封的目的是什么？

三、说明下列滚动轴承基本代号的含义

1. N210

2. 51213

3. 30312

第十三章　联轴器、离合器和制动器

在生产、生活中，许多机器或设备都需要用到联轴器、离合器和制动器。联轴器和离合器用来连接两轴，使之一同回转并传递运动与转矩，有时也用作安全装置。联轴器在机器停机后用拆卸方法才能把两轴分离或连接。离合器在机械运转过程中，可使两轴随时接合或分离。制动器主要用来降低机械运动速度或使机械停止运转，有时也用作限速装置。

图 13-1 所示为卷扬机，它由电动机、制动器、联轴器、减速器、离合器和卷筒等组成。电动机的转轴与减速器的输入轴通过联轴器连接；减速器的输出轴与卷筒的转轴通过离合器相连；为了便于卷扬机在工作时紧急制动，以及能使重物悬吊在空中不动，在联轴器上安装了制动器。

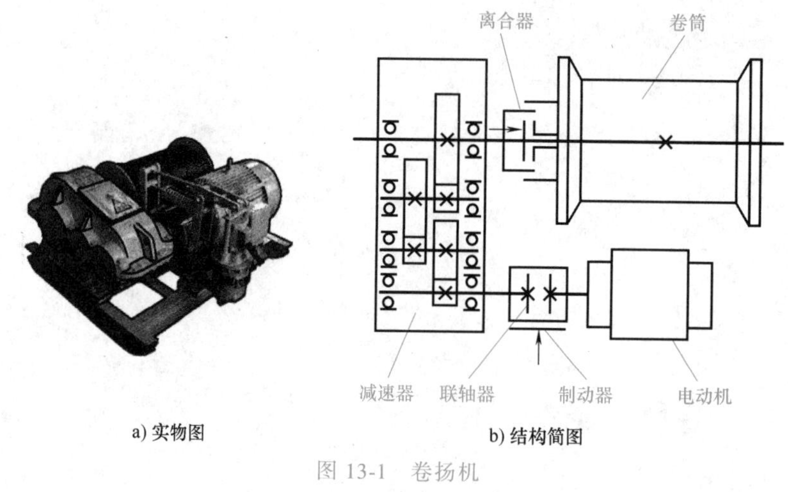

图 13-1　卷扬机

第一节　联　轴　器

【学习目标】

1. 熟悉联轴器的作用。
2. 了解常用联轴器的应用特点。
3. 了解选用联轴器的方法。

【知识导入】

联轴器是机械传动中的常用部件。联轴器用来连接两轴，使之一同回转并传递运动与转矩，有时也用作安全装置。用联轴器连接的两根轴属于不同的机器或部件。图 13-2 所示为离心泵结构简图，电动机、减速器与泵之间用了联轴器连接。

进行联轴器的选用时，首先要了解联轴器的常见类型及结构特点，然后根据具体的工作要求选用适当的类型和型号。

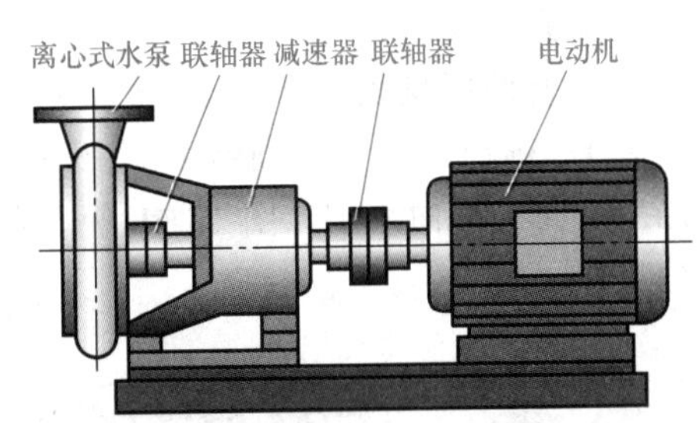

图 13-2　联轴器的应用

【学习内容】

一、常用联轴器的类型及特点

联轴器所连接的两轴由于制造及安装的误差、机器运转时零件受载变形、基础下沉、回转零件的不平衡、温度的变化和轴承的磨损等，往往存在着某种程度的相对位移和偏移，不能严格保持对中。轴线的各种可能偏移如图 13-3 所示。

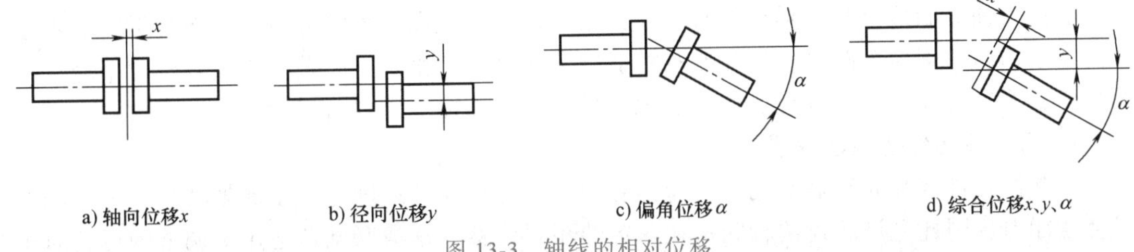

图 13-3　轴线的相对位移

因此，在设计联轴器时要从结构上采取各种不同的措施，使联轴器具有补偿上述偏移量的性能，否则就会在轴、联轴器和轴承中引起附加载荷，导致工作情况的恶化。按照能否补偿轴线的相对位移，联轴器可分为刚性联轴器和挠性联轴器。其中，挠性联轴器又分为无弹性元件挠性联轴器和有弹性元件挠性联轴器。

1. 刚性联轴器

刚性联轴器结构简单、制造容易、不需要维护、成本低，但是不具有补偿功能，要求两轴严格精确对中，常用的有凸缘联轴器和套筒联轴器。

（1）凸缘联轴器　凸缘联轴器应用最为广泛，其外观如图 13-4a 所示，它由两个半联轴器（凸缘盘）、连接螺栓和键等组成。图 13-4b 所示为凸缘联轴器（基本型），它依靠配合螺栓连接实现两轴对中。图 13-4c 所示为有对中榫凸缘联轴器，通常靠半联轴器上的凸肩和凹槽实现两轴对中。

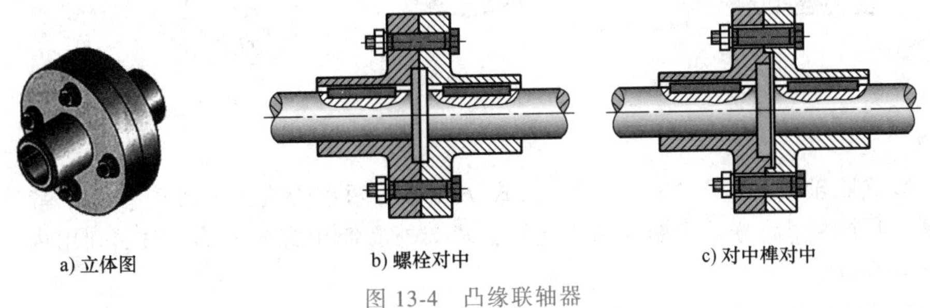

图 13-4　凸缘联轴器

凸缘联轴器结构简单，工作可靠，传递转矩大，装拆方便，适用于连接两轴刚度大、对中性好、安装精确且转速较低、载荷平衡的场合。凸缘联轴器已经标准化，其尺寸可按有关国家标准选用。

（2）套筒联轴器　如图 13-5 所示，套筒联轴器由套筒、连接件（键、圆锥销）等组成。图 13-5a 所示套筒联轴器中，用平键将套筒和轴连为一体，可传递较大的转矩，紧定螺钉用于套筒的轴向固定。图 13-5b 所示套筒联轴器是用圆锥销将套筒和轴连为一体，传递转矩较小。

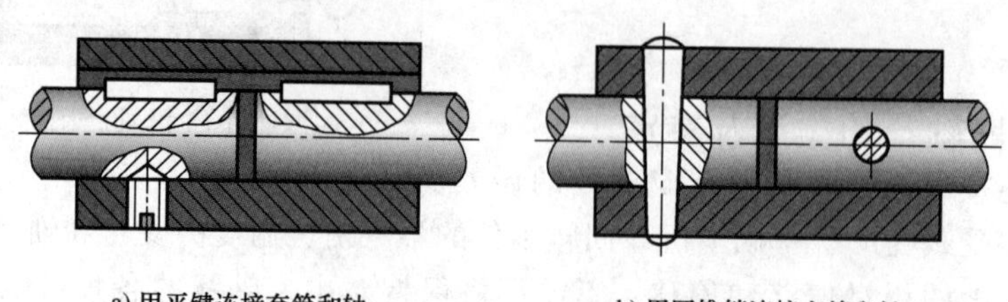

图 13-5　套筒联轴器

套筒联轴器制造容易，零件数量较少，结构紧凑，径向外形尺寸较小，但装拆时被连接件需要沿轴向移动较大距离。套筒联轴器适用于两轴能严格对中、载荷不大且较为平稳，并要求联轴器径向尺寸小的场合。此种联轴器目前尚无标准，需要自行设计。

2. 无弹性元件挠性联轴器

无弹性元件挠性联轴器是利用自身具有的相对可动元件或间隙，使联轴器具有一定的位置补偿能力，因此允许相连两轴间存在一定的相对位移。这类联轴器适用于调整和运转时很难达到两轴完全对中的情况，常用的有滑块联轴器、齿式联轴器等。

（1）滑块联轴器　如图 13-6 所示，滑块联轴器利用中间滑块在其两侧半联轴器端面的相应径向槽内的滑动，以实现两半联轴器的连接，并获得补偿两相连轴相对位移的能力。这种联轴器的主要优点是允许两轴有较大的位移。由于滑块偏心运动产生离心力，这种联轴器只适用于低速运转、轴的刚度较大、无剧烈冲击的场合。

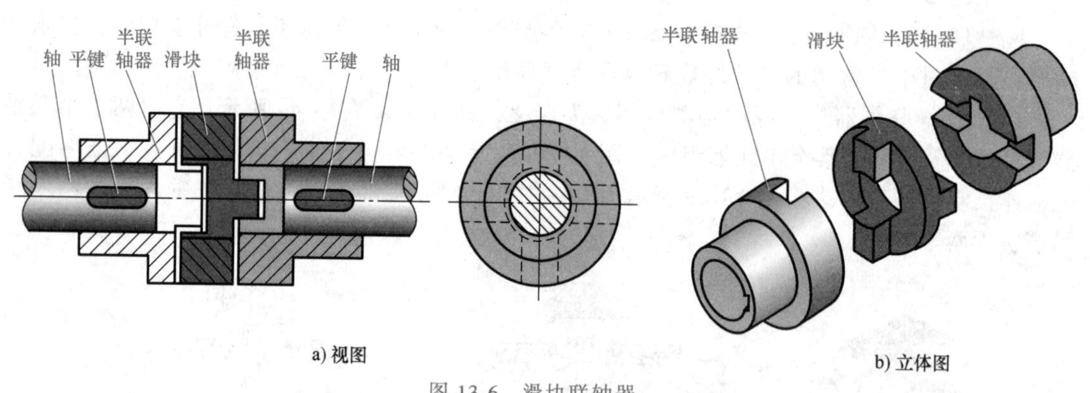

图 13-6　滑块联轴器

（2）齿式联轴器　如图 13-7 所示，齿式联轴器由两个带内齿的外壳和两个带外齿的内套筒组成，两个内套筒分别用键和两轴连接，两个外套筒用螺栓连为一体，利用内、外轮齿的啮合传递转矩。

齿式联轴器同时啮合的齿数多，承载能力强，结构紧凑，使用的速度范围广，工作可靠，且又具有较大的位移补偿能力，因而被广泛应用于重载下工作或高速运转的水平轴连接。这种联轴器的缺点是结构较为复杂、笨重，造价高。

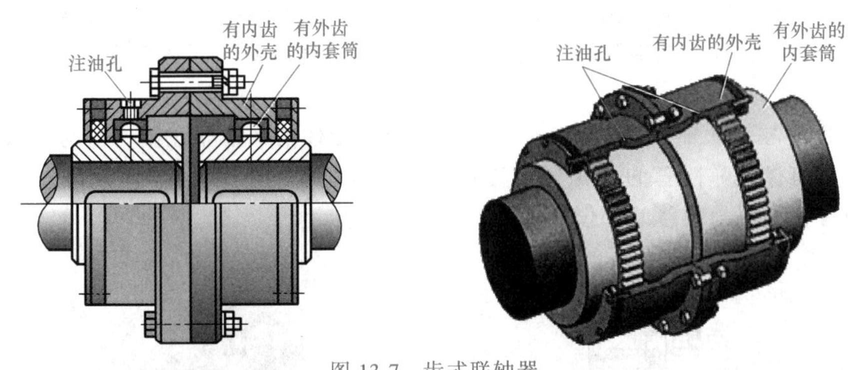

图 13-7 齿式联轴器

（3）万向联轴器 如图 13-8a 所示，万向联轴器主要用于轴线相交的两轴连接，由两个分别固定在主、从动轴上的叉形接头 1、2 和一个十字柱销 3（称十字头）组成。叉形接头和十字柱销是铰接的，因此被连接两轴间的夹角可以很大，轴间角可达 35°～45°。

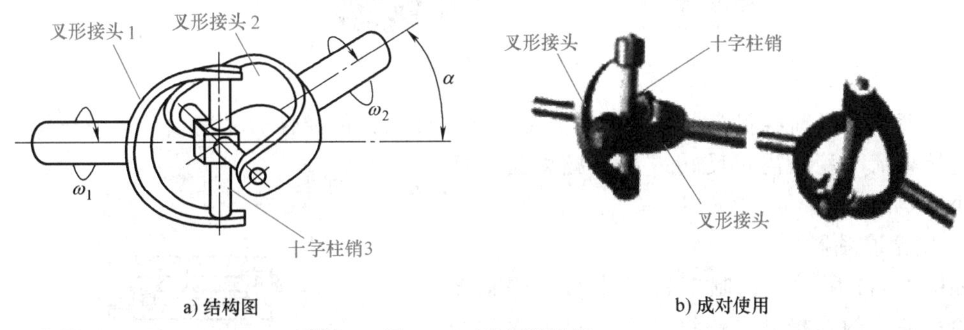

a) 结构图　　b) 成对使用

图 13-8 万向联轴器

万向联轴器结构比较紧凑，传动效率高，维护方便，允许在较大角位移时传递转矩。为使两轴同步转动，万向联轴器一般应成对使用，如图 13-8b 所示。

3. 有弹性元件挠性联轴器

这类联轴器因装有弹性元件，不仅可以补偿两轴间的相对位移，而且具有缓冲减振的能力。弹性元件所能储蓄的能量越多，则联轴器的缓冲能力越强。弹性元件的弹性滞后性能与弹性变形时零件间的摩擦功越大，则联轴器的减振能力越好。这类联轴器目前应用很广，品种亦越来越多。常用的有弹性元件挠性联轴器有弹性柱销联轴器和弹性套柱销联轴器等。

（1）弹性柱销联轴器 弹性柱销联轴器也称为尼龙柱销联轴器，如图 13-9 所示。它将

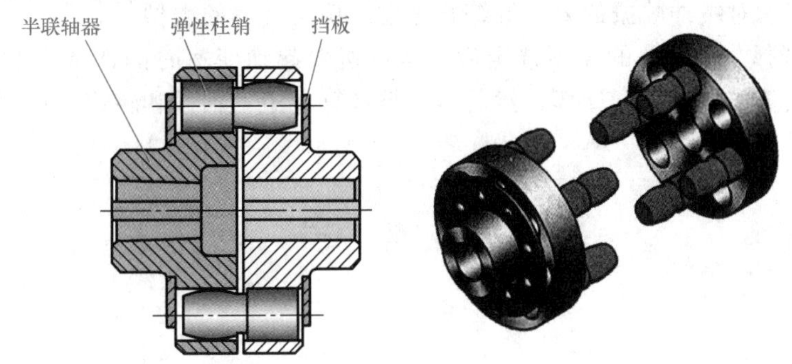

图 13-9 弹性柱销联轴器

若干个由非金属材料制成的柱销置于两个半联轴器的凸缘上的孔中，以实现两轴的连接。为了防止柱销滑出，在柱销两端配置挡板。柱销通常用尼龙制成，而尼龙具有一定的弹性和较好的耐磨性。

（2）弹性套柱销联轴器　如图 13-10 所示，弹性套柱销联轴器在结构上与凸缘联轴器相似，只是用套有橡胶弹性套的柱销代替连接螺栓。弹性套柱销联轴器可允许较大的轴向窜动，但径向位移和偏角位移的补偿量不大。

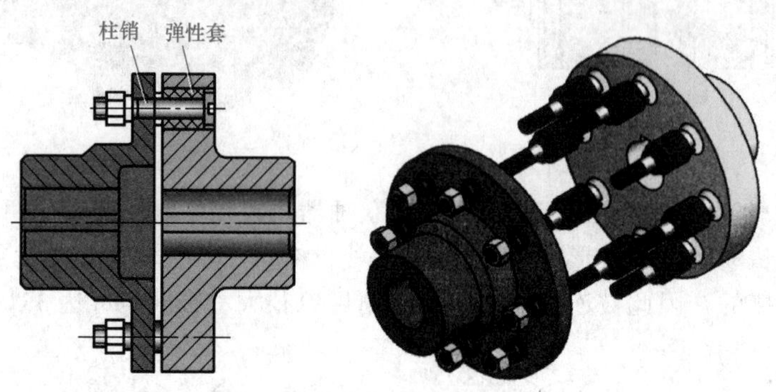

图 13-10　弹性套柱销联轴器

弹性套柱销联轴器制造容易，装拆方便，成本较低，但弹性套易磨损，寿命较短。它适用于连接载荷平稳、需正反转或起动频繁且传递中、小转矩的轴。

4. 安全联轴器

如图 13-11 所示，钢制销钉用作凸缘联轴器或套筒联轴器的连接件，销钉装入经过淬火的两段钢制套筒中，只能承受限定载荷。当机器过载或受冲击时，销钉即被剪断，从而起安全保护的作用。这类联轴器工作精度不高，但由于结构简单，所以在偶尔发生过载的机器中采用。

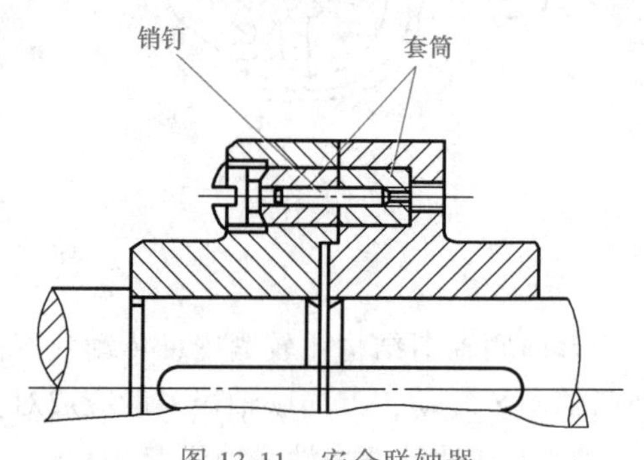

图 13-11　安全联轴器

二、联轴器的选择

常用的联轴器已经标准化，一般情况下，可先根据机器的工作特点和使用条件，选择联轴器的合适类型，再根据轴端直径、计算转矩和轴的转速，从相关技术手册或国家标准中选择所需型号和尺寸。必要时，还应对其薄弱环节进行强度校核。

（1）类型选择　在选择类型时，应根据工作载荷的大小和性质、转速的高低、两轴线的相对位移情况、对缓冲减振的要求等综合考虑，确定合适的类型。

（2）型号选择　联轴器的类型选定后，考虑机器起动变速时的惯性力和冲击载荷等因素的影响，应按工作转矩进行计算，然后再根据计算转矩、轴颈和转速，从手册或标准中选取联轴器的型号和尺寸。

第二节　离　合　器

【学习目标】

1. 掌握离合器的功用。

2. 了解离合器的常见类型及应用特点。

【知识导入】

离合器的主要功能是用来连接不同机构或部件上的两根轴，传递运动和动力，且在工作过程中可使两轴随时分离或连接。由于离合器在不停机的状况下进行两轴的接合与分离，因而对离合器的基本要求为：工作可靠，离合迅速而平稳；操纵灵活，调节和修理方便；结构简单，重量轻，尺寸小；有良好的散热能力和耐磨性。

【学习内容】

离合器按其接合元件传动的工作原理，可分为摩擦式离合器和牙嵌离合器；按控制方式可分为操纵离合器和自控离合器。操纵离合器需要借助人力或动力进行操纵，又分为电磁离合器、气压离合器、液压离合器和机械离合器。自控离合器不需要外来操纵即可在一定条件下自动实现离合器的分离或接合，又分为安全离合器、离心离合器和超越离合器。下面介绍几种常见的离合器。

一、牙嵌离合器

牙嵌离合器由两个端面带牙的半离合器组成，如图 13-12 所示。左半离合器用普通型平键和紧定螺钉固定在主动轴上，右半离合器则用导向键（或花键）与从动轴构成可滑动的连接。通过操纵机构可使右半离合器沿导向键轴向移动，以实现两半离合器的接合和分离。为了保证两轴的对中，在主动轴上的左半离合器上装有一个对中环，从动轴的轴端始终置于对中环的内孔中。当离合器接合时，从动轴与对中环同步旋转；当离合器分离时，对中环继续旋转而从动轴不转。牙嵌离合器常用的牙型有三角形、梯形和矩形等，如图 13-13 所示。

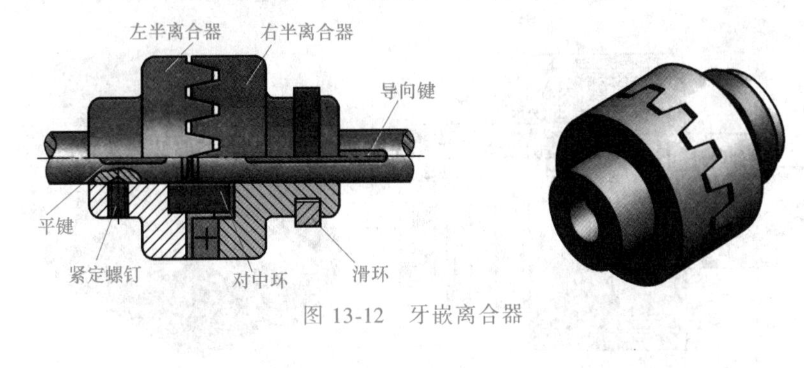

图 13-12 牙嵌离合器

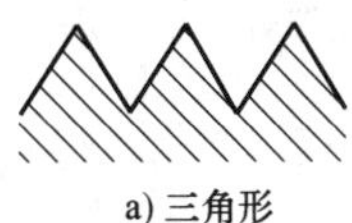

a) 三角形

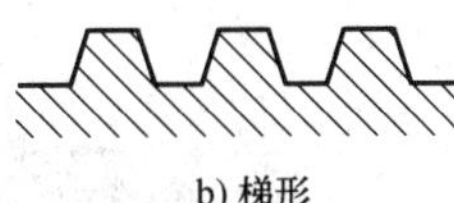

b) 梯形

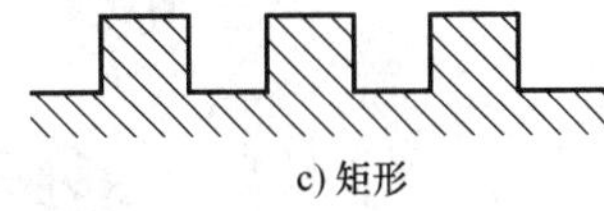

c) 矩形

图 13-13 常用牙嵌离合器的牙型

牙嵌离合器结构简单，外廓尺寸小，能保证两轴同步运转，但只能在停机或低速转动时才能进行接合，故常用于低速和不需要在运转中进行接合的机械上。

二、单圆盘摩擦式离合器

摩擦式离合器是利用主、从动半离合器摩擦片接触面间的摩擦力来传递转矩的。它是能在高速下离合的机械离合器。摩擦式离合器的形式很多，如图 13-14 所示为单圆盘摩擦式离合器。

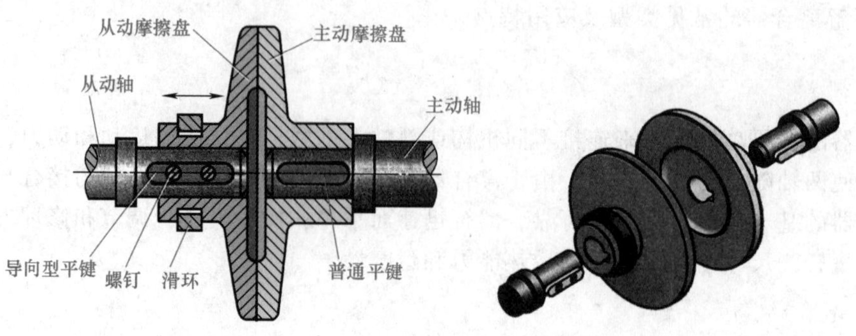

图 13-14　单圆盘摩擦式离合器

工作时，主动摩擦盘与主动轴用普通型平键连接，从动摩擦盘与从动轴通过导向型平键连接，利用操纵装置对从动摩擦盘上的滑环施加一个轴向压力，使从动摩擦盘向右移动，与主动摩擦盘接触并压紧，从而在两圆盘的结合面间产生摩擦力以传递转矩。单圆盘摩擦式离合器结构简单，散热性好，但传递的转矩较小。

三、多片离合器

如图 13-15 所示，多片离合器有两组摩擦片：一组外摩擦片 4（图 13-15c）的外缘上有三个凸齿，被镶插在毂轮 2 内缘的纵向凹槽中，外摩擦片的内孔壁不与任何零件接触，故可随主动轴 1 一起转动；另一组内摩擦片 5（图 13-15d）的内孔壁上有三个凸齿与内套筒 10 外缘上的纵向凹槽配合，内摩擦片的外缘不与任何零件接触，故可随从动轴一起转动。内、外两组摩擦片均可沿轴向移动。另外，在内套筒 10 上开有三个纵向槽，槽中装有可绕销轴转动的曲臂压杆 9，当滑环 8 向左移动时，曲臂压杆 9 可通过压板 3，将所有内、外摩擦片压

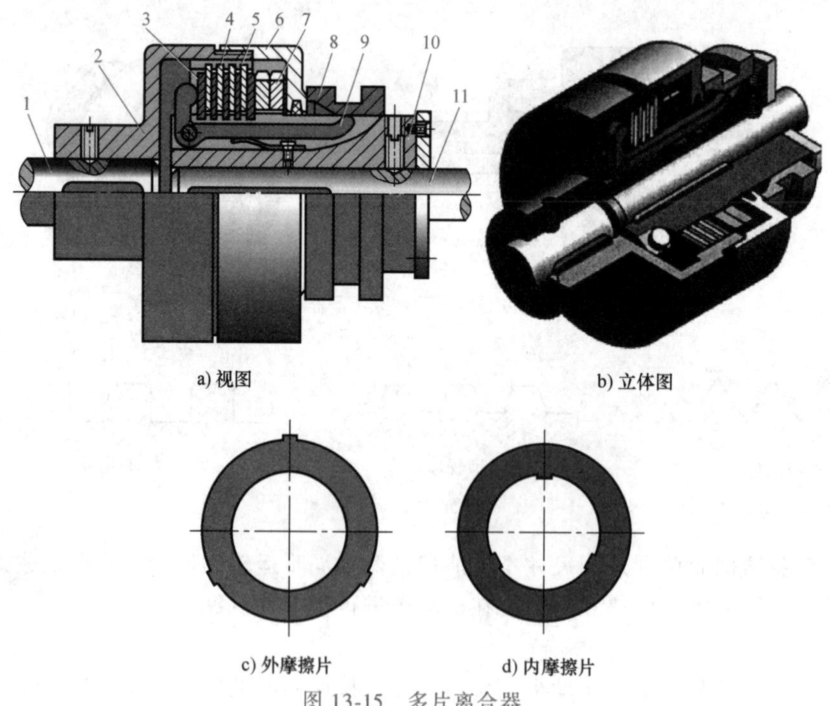

图 13-15　多片离合器

1—主动轴　2—毂轮　3—压板　4—外摩擦片　5—内摩擦片　6—外壳　7—调节螺母　8—滑环　9—曲臂压杆　10—内套筒　11—从动轴

在调节螺母 7 上，使离合器处于接合状态。当滑环 8 向右移动时，曲臂压杆 9 由弹簧片顶起，此时主动轴 1 与从动轴 11 的传动被分离。多片离合器可以通过增加摩擦片的数目提高传递转矩的能力。

多片离合器能传递较大的转矩而又不会使其径向尺寸过大，故在机床、汽车等机械中得到广泛应用。

第三节　制　动　器

【学习目标】

1. 了解制动器的作用。
2. 了解制动器的应用特点。

【知识导入】

制动器是用于机械减速或使其停止的装置，有时也用作调节或限制机械的运动速度。它是保证机械正常安全工作的重要部件。

【学习内容】

常用的制动器是利用摩擦力制动的摩擦制动器。按制动零件的结构特征不同，制动器一般有带式制动器、内张式制动器和外抱式制动器等。

一、带式制动器

如图 13-16 所示，带式制动器由闸带、制动轮和杠杆等组成，当力 F 作用时，利用杠杆机构收紧闸带而抱住制动轮，靠闸带与制动轮间的摩擦力达到制动的目的。带式制动器结构简单，径向尺寸小，但制动力不大。为了增加摩擦效果，闸带材料一般为钢带上覆以石棉或夹铁砂帆布。带式制动器常用于中、小载荷的起重运输机械、车辆及人力操纵的机械中。

二、内张式制动器

内张式制动器如图 13-17 所示，两个制动蹄分别通过两个销轴与机架铰接，制动蹄表面装有摩擦片，制动轮与需要制动的轴连为一体。制动时，液压油进入液压缸，推动活塞向外伸出，克服弹簧力并使制动蹄压紧制动轮，从而使制动轮制动。这种制动器结构紧凑，广泛用于各种车辆以及结构尺寸受限制的机械中。

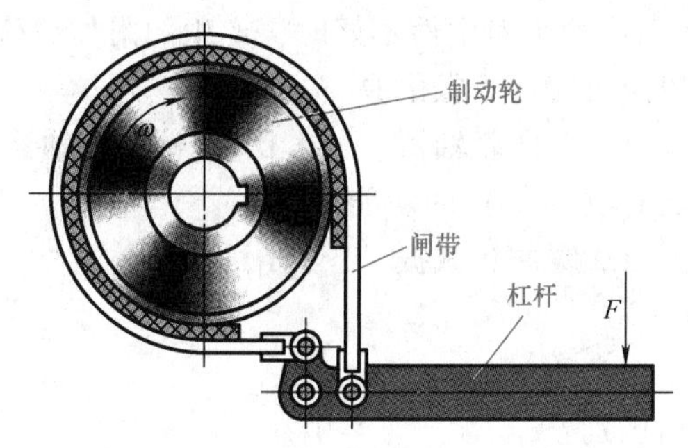

图 13-16　带式制动器

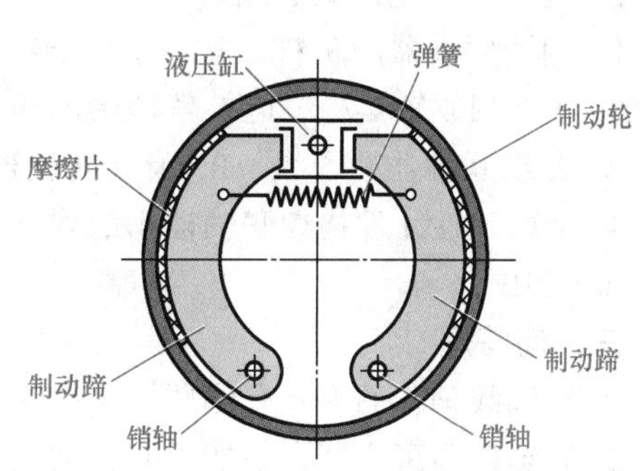

图 13-17　内张式制动器

三、外抱式制动器

外抱式制动器如图 13-18 所示，弹簧通过制动臂使闸瓦块压紧在制动轮上，使制动器处于闭合（制动）状态。当松闸器通入电流时，利用电磁作用把顶柱顶起，通过推杆带动制动臂向外张开，使闸瓦块与制动轮松脱。闸瓦块的材料可采用铸铁，也可在铸铁上覆以皮革或石棉。这种制动器制动和开启迅速、尺寸小、质量轻，但制动时冲击大，不适用于制动力矩大和需要频繁起动的场合。

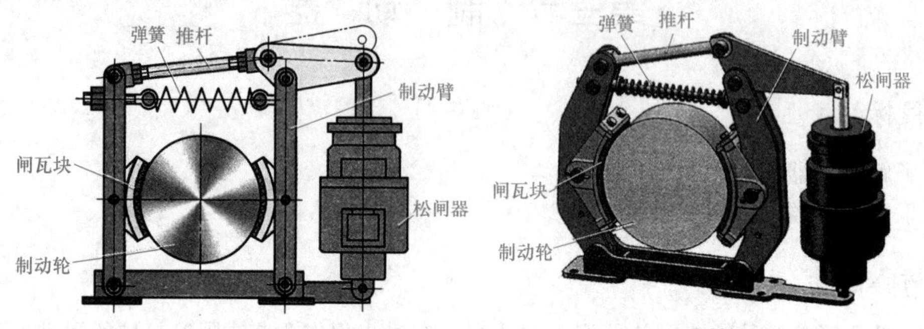

图 13-18　外抱式制动器

【本章习题】

一、填空题

1. 刚性凸缘联轴器的对中方法有__________、__________两种。

2. 联轴器为标准件，当选定类型后，可根据__________、__________和__________从标准中选择所需要的型号和尺寸。

3. 按照能否补偿轴线的相对位移，联轴器可分为__________联轴器和__________联轴器，前者如__________联轴器、__________联轴器和__________联轴器等，后者如__________联轴器、__________联轴器、__________联轴器和__________联轴器等。

二、选择题

1. 对低速、刚性大的短轴，常选用的联轴器为（　　）。

A. 刚性固定式联轴器　　B. 刚性可移式联轴器

C. 弹性联轴器　　D. 安全联轴器

2. 选择或计算联轴器时，应该依据计算转矩 T_c，即 T_c 大于所传递的公称转矩 T，这是因为考虑到（　　）。

A. 旋转时产生的离心载荷　　B. 机器不稳定运转时的动载荷和过载

C. 制造联轴器的材料，其力学性能有偏差　　D. 两轴对中性不好时，产生的附加载荷

3. 在下列联轴器中，能补偿两轴的相对位移以及可缓冲吸振的是（　　）。

A. 凸缘联轴器　　B. 齿式联轴器　　C. 万向联轴器　　D. 弹性柱销轴器

4. 金属弹性元件挠性联轴器中的弹性元件都具有（　　）的功能。

A. 对中　　B. 减摩　　C. 缓冲和减振　　D. 缓冲

三、简答题

1. 两轴线偏移的形式有哪些？

2. 联轴器和离合器在功能上有何共同点？有何区别？

3. 制动器的功用是什么？

职业院校"十四五"系列教材

机械基础习题集

主 编 王 英 李 静 陆 蕊

副主编 姚红丽 赵 欣 蔡世春

参 编 陈 谡 王增荣 郭 丹 樊志强

沈 浩 李 黎 赵正强

主 审 曹永志

机械工业出版社

目 录

第一章　绪论、带传动

一、选择题（20分）

1. 金属切削机床的主轴、滑板属于机器的（　　）部分。

A. 执行　　B. 传动　　C. 动力

2. 通常用（　　）作为机构和机器的总称。

A. 机构　　B. 机器　　C. 机械

3. 在内燃机曲轴滑块机构中，连杆由连杆盖、连杆体、螺栓以及螺母等组成。其中，连杆属于（　　），连杆体、连杆盖属于（　　）。

A. 零件　　B. 机构　　C. 构件

4. 在一般机械传动中，应用最广的带传动是（　　）。

A. 平带传动　　B. V带传动　　C. 同步带传动

5. 普通V带的横截面是（　　）。

A. 矩形　　B. 圆形　　C. 等腰梯形

6. 在相同的条件下，普通V带横截面尺（　　），其传递的功率也（　　）。

A. 越小；越大　　B. 越大；越小　　C. 越大；越大

7. 普通V带的楔角 α 为（　　）。

A. 36°　　B. 38°　　C. 40°

8. V带带轮的轮槽角（　　）V带的楔角。

A. 小于　　B. 大于　　C. 等于

9. 在V带传动中，张紧轮应置于（　　）内侧且靠近（　　）处。

A. 松边；小带轮　　B. 紧边；大带轮　　C. 松边；大带轮

10. （　　）传动具有传动比精确的特点。

A. 平带传动　　B. V带传动　　C. 同步带传动

二、判断题（20分）

1. V带的横截面为等腰梯形。（　　）
2. V带工作时，其带应与带轮槽底面相接触。（　　）
3. 在使用过程中，需要更换V带时，不同新旧的V带可以同组使用。（　　）
4. 同步带传动不是依靠摩擦力而是靠啮合力来传递运动和动力的。（　　）
5. 安装V带时，张紧程度越紧越好。（　　）
6. 在V带传动中，带速过大或过小都不利于带的传动。（　　）
7. V带传动中，主动带轮上的包角定小于从动轮上的包角。（　　）
8. V带传动中，带的三个表面应与带轮三个面接触而产生摩擦力。（　　）
9. V带的根数影响带的传动能力，根数越多，传动功率越小。（　　）
10. 在汽车、数控机床等设备中，通常采用同步带传动。（　　）

三、填空题（20分）

1. 根据工作原理的不同，带传动分为________传动和________传动两大类。
2. V带传动过载时，传动带会在带轮上______，可以防止机器的损坏，起保护作用。
3. 普通V带已经标准化，其横截面尺寸由小到大分为__________种型号。
4. 普通V带的标记由型号、__________和__________三部分组成。
5. 安装V带带轮时，两带轮的轴线应相互____，两带轮轮槽的中间平面应______。
6. V带传动常见的张紧方法有________和__________。

四、综合题

（一）术语解释（20分）

1. 机构

2. 普通V带的标记：B2500 GB/T 11544—2012

（二）简答（20分）

1. 概述机器与机构的区别。

2. 解释包角的定义。一般V带传动中包角应大于或等于多少？

第二章 螺旋传动

一、选择题（20 分）

1. 普通螺纹的牙型为（　　）。

A. 梯形　　B. 三角形　　C. 矩形

2. 普通螺纹的牙型角是（　　）。

A. 45°　　B. 55°　　C. 60°

3. 普通螺纹的公称直径是指（　　）。

A. 大径　　B. 中径　　C. 小径

4. 下列（　　）常用于连接螺纹。

A. 三角形螺纹　　B. 梯形螺纹　　C. 矩形螺纹

5. 单向受力的螺旋传动机构广泛采用（　　）。

A. 三角形螺纹　　B. 梯形螺纹　　C. 锯齿形螺纹

6. 下列各标记中表示普通粗牙螺纹的是（　　）。

A. M20-4H-20　　B. M30×2-5g6g　　C. Tr36×6-7H

7. 螺纹传动是将（　　）运动变为直线运动，同时传递运动动力。

A. 直线　　B. 回转　　C. 偏移

8. 以下（　　）不属于螺旋传动的类型。

A. 普通螺旋传动　　B. 差动螺旋传动回转　　C. 凸轮传动

9. 台虎钳属于螺旋传动中（　　）的运动形式。

A. 螺母固定不动，螺杆回转并作直线运动

B. 螺杆固定不动，螺母回转并作直线运动

C. 螺杆回转，螺母作直线运动

10. 螺距、线数与导程的关系是（　　）。

A. $P=nP_h$　　B. $P_h=nP$　　C. $P_h=n/P$

二、填空题（20 分）

1. 根据螺纹的方向不同，螺纹分为________螺纹和________螺纹两大类。

2. 顺时针旋转时旋入的螺纹称为________（左、右）旋螺纹；反之，逆时针旋转时旋入的螺纹称为________（左、右）旋螺纹。

3. 外螺纹参数代号用__________（大写、小写）表示。

4. 普通螺纹的旋合长度有短旋合长度 S、________和________三种类型。

5. 螺旋传动的组成分为__________、__________和__________三部分。

三、综合题

（一）解释下列标记的含义（20 分）

1. M20×2-7H8H　　　　2. Tr24×4LH-7H/7c

（二）计算题（20 分）

1. 普通螺旋传动中，已知左旋双线螺杆的螺距为 7mm，若螺杆按图 2-1 所示方向回转 3 周，螺母移动了多少距离？方向如何？

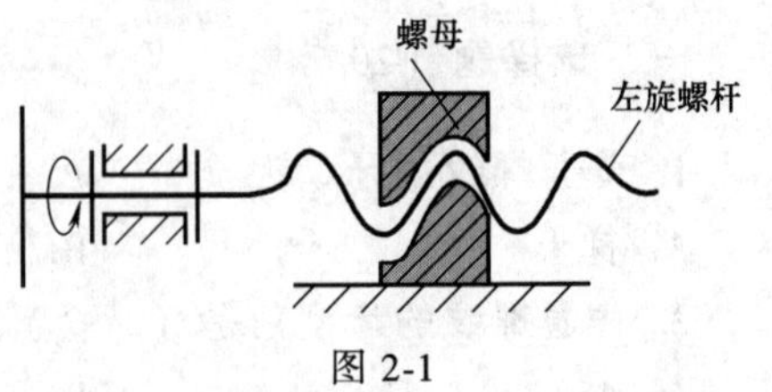

图 2-1

2. 如图 2-2 所示的微调螺旋传动中，通过螺杆的转动，可使被调螺母产生左、右微量调节。设螺旋副 A 的导程 P_{ha} 为 1mm，右旋。设螺旋副 B 的导程 P_{hb} 为 2mm，右旋。当螺杆回转 2 圈时，活动螺母的移动距离是多少？移动方向如何？

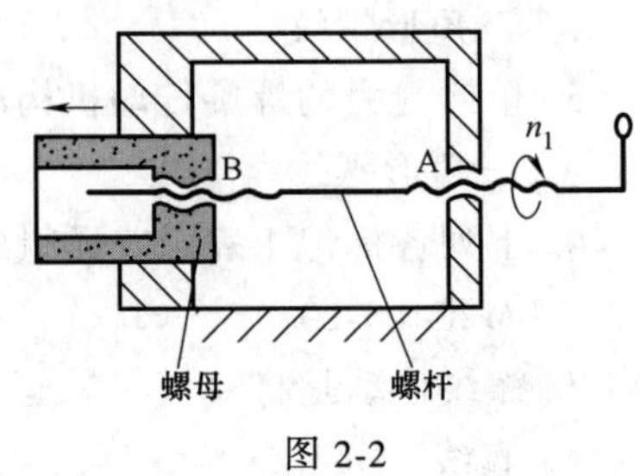

图 2-2

（三）简答题（20 分）

1. 普通螺纹的主要参数有哪些？

2. 滚珠螺旋传动的特点及应用是什么？

第三章 链 传 动

一、选择题（20分）

1. 与带传动相比，链传动的优点是（　　）。

A. 工作平稳，无噪声　　B. 寿命长　　C. 制造费用低

2. 与齿轮传动相比，链传动的优点是（　　）。

A. 传动效率高　　B. 工作平稳，无噪声　　C. 能传递的中心距大

3. 滚子链中，滚子的作用是（　　）。

A. 缓冲吸震　　B. 减轻套筒与轮齿间的摩擦与磨损

C. 保证链条与轮齿间的良好啮合

4. 在一定转速下，要减轻链传动的运动不均匀和动载荷，应（　　）。

A. 增大链节距和链轮齿数　　B. 减小链节距和链轮齿数

C. 减小链条节距，增大链轮齿数

5. 为了限制链传动的动载荷，在链节距和小链轮齿数一定时，应限制（　　）。

A. 小链轮的转速　　B. 传递的功率　　C. 传动比

6. 链传动在工作中，链板受到的应力属于（　　）。

A. 静应力　　B. 对称循环变应　　C. 非对称循环变应力

7. 大链轮的齿数不能取得过大的原因是（　　）。

A. 齿数越大，链条的磨损就越大

B. 齿数越大，链传动的动载荷与冲击就越大

C. 齿数越大，链条磨损后越容易发生“脱链现象”

8. 链传动中心距过小的缺点是（　　）。

A. 链条工作时易颤动，运动不平稳

B. 链条运动不均匀性和冲击作用增强

C. 小链轮上的包角小，链条磨损快

9. 两链轮轴线不在同一水平面的链传动，链条的紧边应布置在上面，松边应布置在下面，这样可以使（　　）。

A. 链条平稳工作，降低运行噪声

B. 松边下垂量增大后不致与链轮卡死

C. 链条的磨损减小

10. 链条由于静强度不够而被拉断的现象，多发生在（　　）情况下。

A. 低速重载　　B. 高速重载　　C. 高速轻载

二、填空题（30分）

1. 链传动由________、__________和__________三部分组成。

2. 传动链的主要类型是________链和________链。

3. 链传动的传动比等于两链轮齿数 z_1 和 z_2 的________（正、反）比。

4. 滚子链条由内链板、__________销轴、________和__________组成。

5. 链的节距越大，链的各组件尺寸越______，链传动功率越______。但节距越大，由链条速度变化和链节啮入链轮产生冲击所引起的动载荷也越____________。

6. 链传动的主要失效形式是____________。

7. 链传动中，当两链轮的轴线在同一水平面时，应将________边布置在上面，______________边布置在下面。

三、综合题

（一）解释链标记的含义（20 分）

1. 滚子链标记：08B—2—80 GB/T 1243—2006

2. 齿形链标记 SC4—22.5W—60　GB/T 10855—2016

（二）简答题（30 分）

1. 写出 2~3 个生产生活中应用链传动的例子。

2. 按用途不同，链可分为哪几种？

3. 与带传动相比，链传动有何优缺点？

第四章　齿 轮 传 动

一、选择题（20分）

1. 渐开线上各点压力角不相等，基圆上压力角（　　）0°。

A. 大于　　B. 等于　　C. 小于

2. 齿轮传动能够保证准确的（　　），传动平稳、工作可靠性高。

A. 平均传动比　　B. 瞬时传动比　　C. 传动比

3. 标准斜齿圆柱齿轮的基本参数均以（　　）为标准。

A. 法线　　B. 法向　　C. 径向平面

4. 斜齿轮传动时，其轮齿啮合线先（　　），再（　　）。

A. 由短变长　　B. 由长变短　　C. 不变

5. 斜齿圆柱齿轮的端面用（　　）作标记，法向用（　　）作标记。

A. x　　B. n　　C. t

6. 对于软齿面的闭式齿轮传动，其主要失效形式为（　　）。

A. 轮齿疲劳折断　　B. 齿面磨损　　C. 齿面疲劳点蚀

7. 一般开式齿轮传动的主要失效形式是（　　）。

A. 轮齿疲劳折断　　B. 齿面磨损　　C. 齿面疲劳点蚀

8. 高速重载齿轮传动，当润滑不良时，最可能出现的失效形式为（　　）。

A. 轮齿疲劳折断　　B. 齿面磨损　　C. 齿面胶合

9. 齿轮的齿面疲劳点蚀经常发生在（　　）。

A. 靠近齿根处　　B. 节线附近的齿顶一侧　　C. 节线附近的齿根一侧

10. 一对直齿圆柱齿轮传动中，若保持分度圆直径 d 不变，增大齿轮的模数，其齿数将（　　）。

A. 增大　　B. 减小　　C. 略有减小

二、判断题（10分）

1. 国家标准规定，分度圆上的压力角为标准值，其值为20°。（　　）
2. 齿轮发生点蚀后，会造成齿轮传动的不平稳和产生噪声。（　　）
3. 斜齿圆柱齿轮与直齿圆柱齿轮相比，承载能力大、传动平稳。（　　）
4. 直齿圆柱齿轮内啮合齿轮的齿顶圆大于分度圆，齿根圆小于分度圆。（　　）
5. 齿轮的常用材料有锻钢、铸钢、铸铁和非金属材料等。（　　）

三、填空题（20分）

1. 齿轮传动按啮合方式分为____________和____________。

2. 目前绝大多数齿轮采用的是________齿廓。

3. 齿轮传动的主要失效形式有__________、__________、__________、__________和轮齿折断五种。

4. 齿轮齿条传动的主要目的是将齿轮的____________转变为齿条的____________，或将齿条的__________转变为齿轮的____________。

四、综合题

（一）计算题（30 分）

1. 已知一对标准直齿圆柱齿轮传动，其传动比 $i_{12}=2$，主动轮转速 $n_1=1000\text{r/min}$，中心距 $a=300\text{mm}$，模数 $m=4\text{mm}$，齿数 $z_1=50$，试求从动轮转速 n_2 和齿数 z_2。

2. 一对外啮合标准直齿圆柱齿轮，已知齿距 $p=9.42\text{mm}$，中心距 $a=75\text{mm}$，传动比 $i=1.5$，试计算两齿轮的模数及齿数。

（二）简答题（20 分）

1. 直齿圆柱齿轮正确啮合的条件是什么？

2. 斜齿圆柱齿轮正确啮合的条件是什么？

第五章 蜗杆传动

一、选择题（20 分）

1. 轴平面内的齿形为直线的蜗杆是（　　）蜗杆。

A. 阿基米德　　B. 渐开线　　C. 法向直廓

2. 蜗杆传动中，蜗杆和蜗轮的轴线一般在空间交错成（　　）。

A. 45°　　B. 60°　　C. 90°

3. 用于传递动力的蜗杆传动传动比 i 常在（　　）范围。

A. 10～30　　B. 8～100　　C. 600 以上

4. 蜗杆传动的效率一般在（　　）。

A. 90%　　B. 70%～80%　　C. 50%

5. 具有自锁性能的蜗杆传动，其效率为（　　）。

A. 70%～80%　　B. 高于 50%　　C. 低于 50%

6. 蜗杆传动的主要失效形式是齿面胶合和（　　）。

A. 齿面点蚀　　B. 轮齿折断　　C. 齿面磨损

7. 对于传递动力的蜗杆传动，为了提高传动效率，在一定限速内可采用（　　）。

A. 较大的蜗杆直径系数　　B. 较大的蜗杆分度圆导程角

C. 较小的模数

8. 蜗杆传动的正确啮合条件中，不包括（　　）。

A. $m_{a1}=m$　　B. $\beta=\beta_2$　　C. $\gamma=\beta_2$，螺旋相同

9. 设计蜗杆传动时，通常选择蜗杆材料为（　　），蜗轮材料为（　　），以减小摩擦力。

A. 钢　　B. 铸铁　　C. 青铜

D. 非金属材料

二、判断题（20 分）

1. 蜗杆传动是指蜗杆和蜗轮的啮合传动。（　　）
2. 蜗杆传动的传动比等于蜗轮齿数与蜗杆头数之比。（　　）
3. 在蜗杆传动中，一般总是蜗杆作为主动件，蜗轮作为从动件。（　　）
4. 蜗杆传动中，蜗杆头数越少，传动效率越低。（　　）
5. 蜗杆传动通常用于两轴线在空间垂直交错的场合。（　　）
6. 在蜗杆传动中，蜗轮法向模数和压力角为标准值。（　　）
7. 采用铸铝青铜 ZCuAl10Fe3 作蜗轮材料时，其主要失效方式是胶合。（　　）
8. 阿基米德蜗杆传动应用广泛的原因是传动效率高，精度高。（　　）
9. 蜗杆传动的传动比很大，效率也高。（　　）
10. 在蜗杆传动中，加工蜗轮的滚刀仅与蜗杆的模数和压力角相等。（　　）

三、填空题（20分）

1. 引入蜗杆直径系数并使之标准化是为了使刀具________（标准化、耐用）。
2. 在分度机构中常用___头蜗杆，在传递功率较大的场合常用_____头蜗杆。
3. 蜗杆传动由____和____组成，且通常______为主动件，______为从动件。
4. 蜗轮回转方向的判定不仅与蜗杆的____有关，而且与蜗杆的____有关。
5. 蜗轮齿数 z_2 主要根据________和________来确定的。

四、综合题（20分）

（一）判断图5-1所示蜗杆传动中蜗轮、蜗杆的回转方向或螺旋方向。

1. 判定蜗杆的螺旋方向。
2. 判定 n_2 的回转方向。

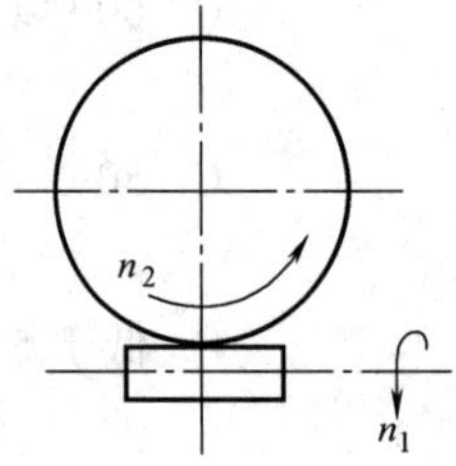

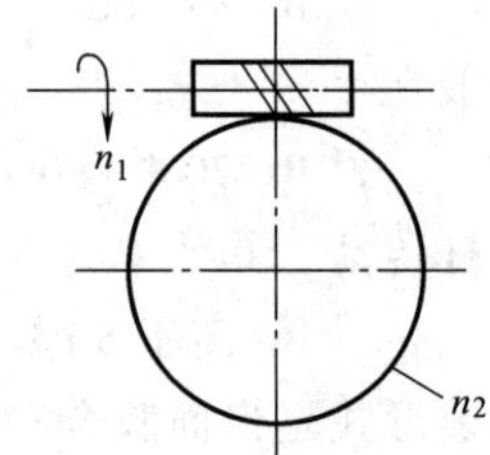

图 5-1

（二）简答题

1. 蜗杆传动正确啮合的条件是什么？

2. 蜗杆传动的特点是什么？

第六章　轮　　系

一、选择题（20 分）

1. 下列关于轮系的说法正确的是（　　）。

A. 不能获得很大的传动比　B. 不适宜作较远距离的传动

C. 可以实现变向和变速要求

2. 定轴轮系的传动比大小与轮系中惰轮的齿数（　　）。

A. 有关　　B. 无关　　C. 成正比

3. 根据轮系运转时，各齿轮的几何轴线在空间的相对位置是否固定，轮系分为（　　）。

A. 定轴轮系和空间轮系　B. 定轴轮系和周转轮系

C. 定轴轮系和平面轮系

4. 所有齿轮几何轴线的位置都固定的轮系称为（　　），至少有一个齿轮的几何轴线绕位置固定的另一齿轮的几何轴线转动的轮系，称为（　　）。

A. 定轴轮系　　B. 周转轮系　　C. 平面轮系

5. 一对外啮合圆柱齿轮传动，其转向相反，故传动比为（　　）；而一对内啮合圆柱齿轮传动，其转向相同，故传动比为（　　）。

A. 正　　B. 负　　C. 零

6. 惰轮在计算总传动比数值时（　　）计入，在决定总传动比正负号时（　　）计入。

A. 不需要　　B. 需要　　C. 正号

7. 对于平行轴定轴轮系，其总传动比的正负号取决于该轮系中外啮合的齿轮对数 m，m 是偶数为正，首末两轮转向（　　）。

A. 相反　　B. 相同　　C. 相等

二、填空题（30 分）

1. 由一系列齿轮所组成的传动系统称为轮系，它一般分为____和____两类。

2. 轮系主要应用在以下几方面：(1) ____________，(2) ____________，(3) ____________，(4) ____________。

3. 计算轮系传动比时，除计算其____________大小，还要判断其__________。首末两轮转向相同则为__________号，转向相反则为__________号。

4. 在定轴轮系中，只改变传动比符号而不改变传动比大小的齿轮，称为__________。

5. 惰轮的作用有两个：(1) __________；(2) __________。

6. 轮系中主动轴与最后一根从动轴的转速之比，称为该轮系的________。若用 i_{1k} 表示，则下标 l 表示__________，下标 k 表示__________。

三、综合题（第 1 题 15 分，第 2 题 20 分，第三题 15 分，共 50 分）

1. 在图 6-1 所示的车床溜板箱进给刻度盘轮系中，运动由齿轮 1 输入，由齿轮 5 输出。已知

各齿轮齿数为 $z_1=12$，$z_2=60$，$z_3=18$，$z_4=15$，$z_5=72$。（1）试计算轮系的传动比 i_{15}；（2）指出其中的惰轮。

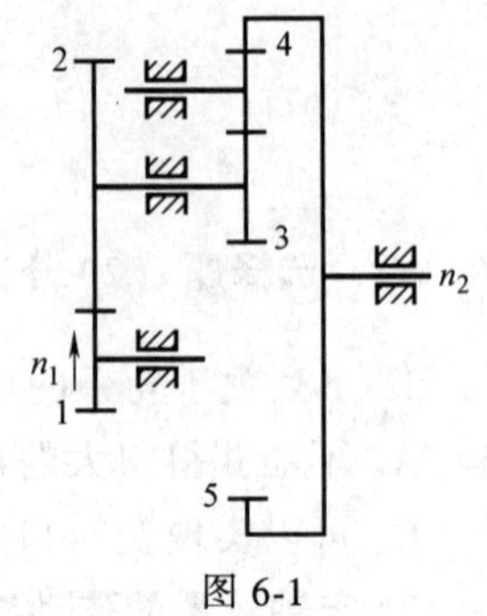

图 6-1

2. 如图 6-2 所示的卷扬机传动系统，已知 $n_1=1000\text{r/min}$，各齿轮齿数为 $z_1=18$，$z_2=36$，$z_3=20$，$z_4=40$，$z_5=2$，$z_6=50$，$D=20\text{mm}$。求：（1）蜗轮转速。（2）重物 G 的移动速度和方向。（3）用箭头在图上标出各齿轮的回转方向。

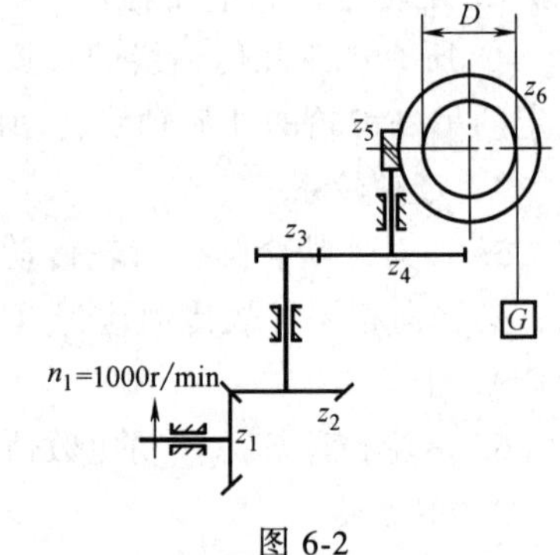

图 6-2

3. 如图 6-3 所示为磨床砂轮架进给机构，其中手柄转速为 $n_1=50\text{r/min}$，各齿轮齿数为 $z_1=28$，$z_2=56$，$z_3=38$，$z_4=57$，丝杠螺距为 $P=3\text{mm}$，旋向为右旋。求：砂轮架移动的速度和方向。

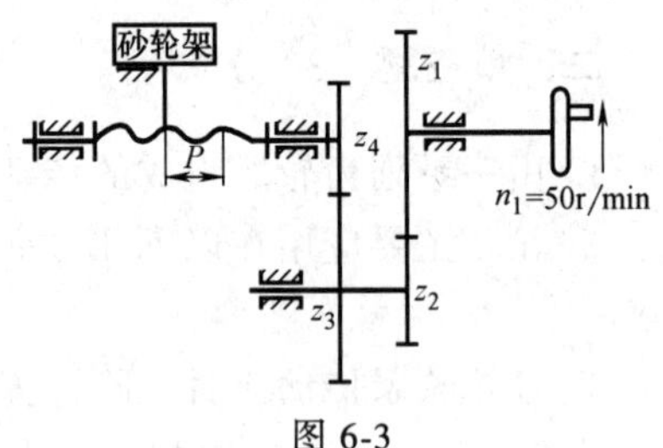

图 6-3

第七章　平面连杆机构

一、选择题（20 分）

1. 家用缝纫机踏板机构采用的是（　　）机构；汽车刮水器采用的是（　　）机构。天平采用的是（　　）机构。

A. 曲柄摇杆　　B. 双曲柄　　C. 双摇杆

2. 不等长双曲柄机构中，（　　）长度最短。

A. 曲柄　　B. 机架　　C. 连杆

3. 曲柄摇杆机构中，以（　　）为主动件，连杆与（　　）处于共线位置时，该位置称为死点位置。

A. 曲柄　　B. 摇杆　　C. 机架

4. 当曲柄摇杆机构出现死点位置时，可在从动曲柄上（　　），使其顺利通过死点位置。

A. 加大主动力　　B. 加设飞轮　　C. 减少阻力

5. 当急回特性系数（　　）时，曲柄摇杆机构才有急回运动。

A. $K=0$　　B. $K=1$　　C. $K>1$

6. 牛头刨床的主运动采用的是（　　）机构，压力机采用的是（　　）

A. 曲柄滑块　　B. 导杆　　C. 双曲柄

二、判断题（20 分）

1. 铰链四杆机构中，其中必有一杆为连杆。（　　）
2. 平面连杆机构是用若干构件以高副连接而成的。（　　）
3. 反向双曲柄机构的两个曲柄长度不相等。（　　）
4. 常把曲柄摇杆机构中的曲柄和连杆称为连架杆。（　　）
5. 铰链四杆机构中，最短杆件就是曲柄。（　　）
6. 曲柄摇杆机构中，极位夹角越大，机构的行程速比系数值越大。（　　）
7. 各种双曲柄机构中都存在死点位置。（　　）
8. 牛头刨床中刀具的退刀速度大于其切削速度，就是应用了急回特性。（　　）
9. 将曲柄滑块机构中的滑块改为固定件，则原机构将演化为摆动导杆机构。（　　）
10. 曲柄滑块机构是由曲柄摇杆机构演化来的。（　　）

三、填空题（30 分）

1. 平面连杆机构是将________用________连接而组成的平面机构。

2. 当平面连杆机构中的四根杆件均以转动副连接时，该机构称为______。滑块四杆机构中，除了转动副连接外，还有______连接。

3. 铰链四杆机构中，固定不动的杆称为______；不与机架直接连接的杆件称为____；杆件与机架用转动副相连接，且能绕转动中心，作整周旋转的杆件称为摇杆。动副回转中心作整周旋转的杆件称为______；杆件与机架用转动副相连接，但只能绕该转动副回转中心________。

4. 缝纫机踏板机构采用的是________机构；电扇摇头机构采用的__________机构；惯性筛作变速往复机构是应用____________机构来实现的。

5. 铰链四杆机构一般有__________、__________和________三种基本形式。

6. 天平是利用________机构中的两曲柄转向__________和长度________的特性，保证两只天平盘始终保持水平状态。

7. 铰链四杆机构中是否存在曲柄，主要取决于机构中各杆件______和______的选择。

8. 铰链四杆机构的急回特性可以节省__________，提高____________。

9. 当曲柄摇杆机构中存在死点位置时，其死点位置有 2 个。在死点位置时，该机构中______与______处于共线位置。

10. 曲柄摇杆机构中，当出现急回运动时，曲柄为__件，摇杆为__件。

11. 为使铰链四杆机构能够顺利通过死点位置，继续正常运转，常采用________、______和________方法。

12. 在曲柄滑块机构中，若以曲柄为主动件，则可以把曲柄的______运动转换为滑块的______运动。

四、综合题

1. 名词解释（10 分）

曲柄

摇杆

2. 根据图中标注的尺寸，判断图 7-1 和图 7-2 所示铰链四杆机构的基本类型。(20 分)

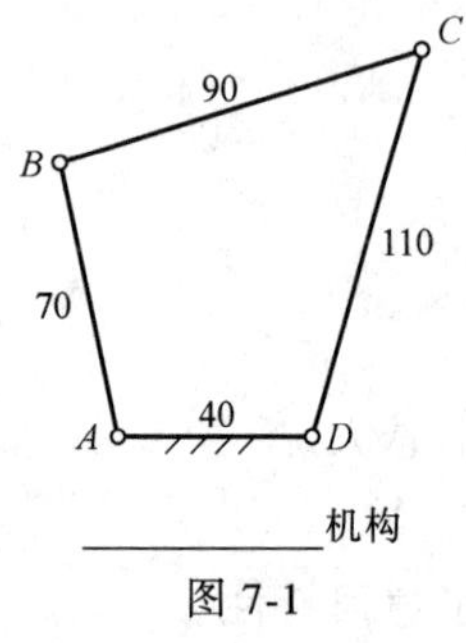

__________机构

图 7-1

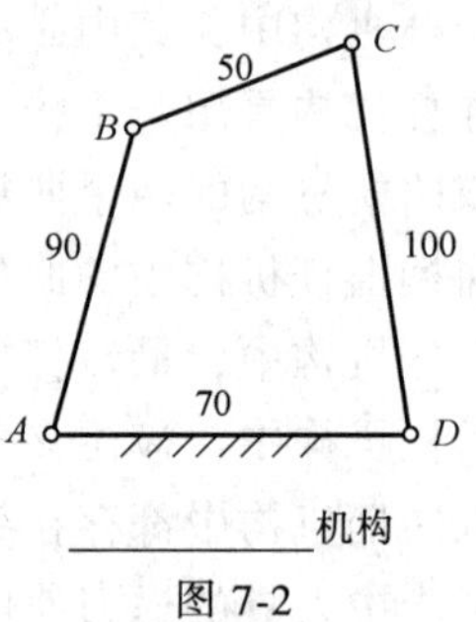

__________机构

图 7-2

3. 铰链四杆机构各杆的长度如图 7-3 所示。欲使该机构称为双曲柄机构，试确定杆 BC 的取值范围。(附加题)

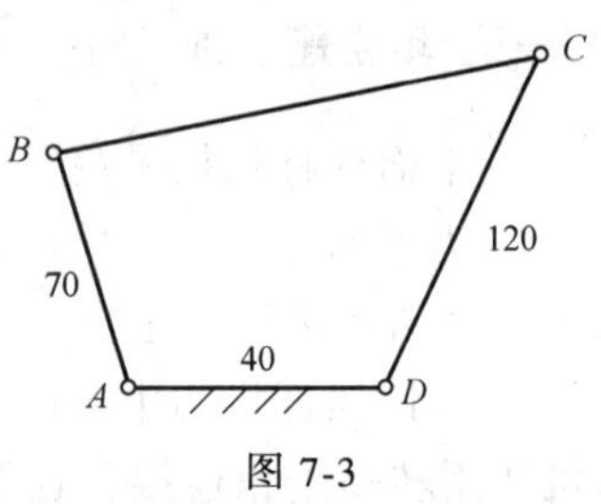

图 7-3

第八章　凸轮机构

一、选择题（20分）

1. 凸轮机构中从动件构造最简单的是（　　）

A. 平底从动件　　B. 滚子从动件　　C. 尖顶状从动件

2. 凸轮与从动件接触处的运动副属于（　　）

A. 高副　　B. 转动副　　C. 移动副

3. 内燃机的配气机构采用了（　　）机构。

A. 凸轮　　B. 铰链四杆　　C. 齿轮

4. （　　）凸轮用于经常更换的场合。

A. 整体式　　B. 镶块式　　C. 组合式

5. 凸轮机构中，（　　）从动件常用于高速传动。

A. 平底从动件　　B. 滚子从动件　　C. 尖顶状从动件

6. 凸轮机构主要由（　　）和从动件等组成。

A. 曲柄　　B. 摇杆　　C. 凸轮

7. 从动件等速运动规律的位移曲线形状是（　　）。

A. 抛物线　　B. 斜直线　　C. 双曲线

8. 从动件作等速运动规律的凸轮机构，一般适用于（　　）、轻载的场合。

A. 低速　　B. 中速　　C. 高速

9. 从动件作等加速等减速运动的凸轮机构（　　）

A. 存在刚性冲击　　B. 存在柔性冲击　　C. 没有冲击

10. 从动件作等加速等减速运动规律的位移曲线是（　　）

A. 斜直线　　B. 抛物线　　C. 双曲线

二、判断题（20分）

1. 在机器中，要求机构实现某种特殊的或复杂的运动规律，常采用凸轮机构。（　　）

2. 根据实际需要，凸轮机构可以任意规定从动件的运动规律。（　　）

3. 在凸轮机构中，凸轮为主动件。（　　）

4. 凸轮机构广泛应用于机械自动控制。（　　）

5. 移动凸轮相对于机架作直线往复运动。（　　）

6. 端面圆柱凸轮是一端带有沟槽的圆柱体。（　　）

7. 凸轮机构中，从动件作等加速等减速运动规律，是指从动件上升时作等加速运动，而下降时作等减速运动。（　　）

8. 凸轮机构产生的柔性冲击，不会对机器工作产生影响。（　　）

9. 凸轮机构中，主动件通常作等速转动或移动。（　　）

10. 凸轮机构中，从动件作等速运动规律的原因是作等速转动。（　　）

三、填空题（20分）

1. 凸轮机构主要由____、____和______三个基本构件所组成。
2. 在凸轮机构中，凸轮为_______，通常作等速____或____。
3. 在凸轮机构中，通过改变凸轮______，使从动件实现设计要求的运动。
4. 在凸轮机构中，按凸轮形状分类，有______、______和______三种。
5. 凸轮机构中，凸轮轮廓与从动件之间必须始终______，否则，凸轮机构就不能正常工作。
6. 凸轮机构中，从动件的运动规律多种多样，生产中常用的有____和____等。
7. 从动件的运动规律决定凸轮的______。
8. 凸轮机构中最常用的运动形式是凸轮作______运动，从动件____。
9. 凸轮机构中，从动件作等速运动规律，是指从动件在运动过程中速度为______。
10. 凸轮机构中，从动件作等加速等减速运动规律，是指从动件在运动过程中加速度为______。
11. 凸轮机构主要的失效形式是______和______。

四、综合题（40分）

1. 术语解释

行程

凸轮基圆

2. 有一凸轮机构，其凸轮转角为0°~180°时，从动件等速上升行程为25mm；转角为180°~270°时，从动件等速下降至原位；转角为270°~360°时，从动件停止。试作出从动件的位移曲线图。

第九章　其他常用机构

一、选择题（20分）

1. 当要求转级多、速度变化范围大时，应选择（　　）变速机构。

A. 滑移齿轮　　B. 塔齿轮　　C. 拉键

2. 倍增变速机构传动比按（　　）的倍数增加。

A. 2　　B. 4　　C. 6

3. 车床进给箱常采用（　　）变速机构来调节进给速度。

A. 倍增速　　B. 塔齿轮　　C. 拉键

4. 卧式车床进给系统采用的是（　　）换向机构。

A. 三星轮　　B. 离合器锥齿轮　　C. 滑移齿轮

5. 三星轮换向机构采用（　　）来实现从动轴回转方向的改变。

A. 首轮　　B. 末轮　　C. 惰轮

6. 自行车后轴上的飞轮实际上就是采用了一个（　　）机构。

A. 棘轮　　B. 槽轮　　C. 不完全齿轮

7. 在双圆销外啮合槽轮机构中，曲柄每回转一周，槽轮运动（　　）次。

A. 一　　B. 两　　C. 四

8. 在棘轮机构中，增大曲柄的长度，棘轮的转角（　　）

A. 减小　　B. 增大　　C. 不变

9. 在双圆销四槽轮槽轮机构中，曲柄旋转一周，槽轮转过（　　）

A. 90°　　B. 180°　　C. 45°

10. 电影放映机的卷片机构采用的是（　　）机构。

A. 不完全齿轮机构　　B. 棘轮　　C. 槽轮

二、判断题（20分）

1. 滑移齿轮变速机构变速可靠，但传动比不准确。（　　）

2. 无级变速机构传动比准确。（　　）

3. 无级变速机构能使输出轴的转速在一定范围内无级变化。（　　）

4. 无级变速机构和有级变速机构都具有变速可靠、传动平稳的特点。（　　）

5. 变速机构就是改变主动件转速，从而改变从动件转速的机构。（　　）

6. 棘轮机构中的棘轮是具有齿形表面的轮子。（　　）

7. 棘轮机构中轮的转角大小可通过调节曲柄的长度来改变。（　　）

8. 槽轮机构与棘轮机构一样，可方便地调节槽轮转角的大小。（　　）

9. 槽轮机构中，槽轮是主动件。（　　）

10. 棘轮机构可以实现间歇运动。（　　）

三、填空题（30分）

1. 变速机构分为________机构和________机构。

2. 有级变速机构常用的类型有____________、__________、__________和__________。

3. 无级变速机构常用的类型有____________无级变速机构、____________无级变速机构和____________机构。

4. 有级变速机构可以实现在一定转速范围内的________变速，具有变速____、传动比____和结构紧凑等优点。

5. 无级变速机构依靠______来传递转矩，通过改变主动件和从动件的______，使输出轴的转速在一定范围内无级变化。

6. 换向机构是在______不变的情况下，可获得________改变的机构。

7. 换向机构常见的类型有__________换向机构和__________换向机构等。

8. 间歇机构常见的类型有__________、__________和________等。

9. 常见的棘轮机构主要由________、______、________和________组成。

10. 槽轮机构主要由带圆销的______、________和______组成。

11. 在不完全齿轮机构中，主动轮作______转动，从动轮作______运动。

四、综合题（30分）

1. 术语解释

变速机构

间歇机构

2. 有哪些方法可以调节齿式棘轮机构的转角？槽轮机构的转角可调吗？

第十章　轴

一、选择题（20分）

1. 在机床设备中，最常见的轴是（　　）。

A. 传动轴　　B. 转轴　　C. 曲轴

2. 车床的主轴是（　　）。

A. 传动轴　　B. 心轴　　C. 转轴

3. 具有固定可靠、装拆方便等特点，常用于轴上零件距离较大处及轴端零件的轴向固定的是（　　）。

A. 圆螺母　　B. 圆锥面　　C. 轴肩与轴环

4. 具有结构简单、定位可靠、能承受较大的轴向力等特点，广泛应用于各种轴上零件轴向固定的是（　　）。

A. 紧定螺钉　　B. 轴肩与轴环　　C. 紧定螺钉与挡圈

5. 常用于轴上零件间距较小的场合，但当轴的转速要求很高时，不宜采用轴向固定的是（　　）。

A. 轴肩与轴环　　B. 轴端挡板　　C. 套筒

6. 接触面积大、承载能力强、对中性和导向性都好的周向固定是（　　）。

A. 紧定螺钉　　B. 花键连接　　C. 平键连接

7. 加工容易、装拆方便，应用最广泛的周向固定是（　　）。

A. 平键连接　　B. 过盈配合　　C. 花键连接

8. 具有对轴上零件起周向固定作用的是（　　）。

A. 轴肩与轴环　　B. 平键连接　　C. 套筒和圆螺母

9. 为了便于加工，在车削螺纹的轴段上应有（　　），在需要磨削的轴段上应留出（　　）。

A. 砂轮越程槽　　B. 键槽　　C. 螺纹退刀槽

10. 轴上零件最常用的轴向固定方法是（　　）。

A. 套筒　　B. 轴肩与轴环　　C. 平键连接

二、判断题（20分）

1. 曲轴常用于实现旋转运动与往复直线运动转换的机械中。（　　）
2. 工作时只起支承作用的轴称为传动轴。（　　）
3. 心轴在实际应用中都是固定的。（　　）
4. 转轴是在工作中既承受弯矩又传递转矩的轴。（　　）
5. 直径有变化的直轴称为阶梯轴。（　　）
6. 轴头是轴的两端头部的简称。（　　）
7. 轴上截面尺寸变化的部分称为轴肩或轴环。（　　）

8. 圆螺母常用于滚动轴承的轴向固定。 ( )

9. 阶梯轴上各截面变化处都应留有越程槽。 ( )

10. 过盈配合的周向固定对中性好，可经常拆卸。 ( )

三、填空题（每空 2 分，共 40 分）

1. 轴的主要功用是：支承________、传递________和________。

2. 轴一般应具有足够的________，合理的________和良好的________。

3. 轴是机器中________、________的零件之一。

4. 轴上零件轴向固定的目的是保证零件在轴上有______，防止零件作____，并能承受________。

5. 轴上零件周向固定的目的是保证轴能可靠地传递________，防止轴上零件与轴产生________。

6. 轴上零件的周向定位与固定的方法主要有：______、______、________和______。

7. 轴常设计成阶梯形，其主要目的是便于轴上零件的________和________。

8. 在轴上支承传动零件的部分称为____________。

四、综合题（20 分）

1. 根据轴承载情况的不同，可将直轴分为哪三类？自行车前轴工作时承受什么力，起什么作用，属于哪类轴？

2. 设计时轴的工艺结构应满足哪三个方面的要求？

第十一章　键、销及其连接

一、选择题（20分）

1. 定位销的数目一般为（　　）个。

A. 1　　B. 2　　C. 3

2. 普通圆锥销（　　）型的加工精度较高。

A. A　　B. B　　C. C

3. （　　）安装方便，定位精度高，可多次拆装。

A. 开口销　　B. 圆锥销　　C. 槽销

4. 下列连接中属于不可拆连接的是（　　）。

A. 焊接　　B. 销连接　　C. 螺纹连接

5. 在键连接中，（　　）的工作面是两个侧面。

A. 普通平键　　B. 切向键　　C. 楔键

6. 采用（　　）普通平键时，轴上键槽的切削用指形铣刀。

A. A型　　B. B型　　C. A型和B型

7. 一普通平键的标记为：键 12×80 GB/T 1096—2003，其中12×80表示（　　）。

A. 键高×键长　　B. 键宽×轴径　　C. 键宽×键长

8. （　　）普通平键多用在轴的端部。

A. C型　　B. A型　　C. B型

9. 根据（　　）的不同，平键可分为A型、B型、C型三种。

A. 截面形状　　B. 尺寸大小　　C. 端部形状

10. 普通平键的键长 L 一般应比轮毂的长度（　　）。

A. 短 5~10mm　　B. 长 5~10mm　　C. 长 1~4mm

二、判断题（20分）

1. 普通平键、楔键、半圆键都以其两侧面为工作面。（　　）
2. 键连接具有结构简单、工作可靠、装卸方便和标准化等特点。（　　）
3. 键连接属于不可拆连接。（　　）
4. A型键不会产生轴向移动，应用最为广泛。（　　）
5. 普通平键键长 L 一般比轮毂的长度略长。（　　）
6. C型普通平键一般用于轴端。（　　）
7. 采用A型普通平键时，轴上键槽通常用指形铣刀加工。（　　）
8. 半圆键对中性较好，常用于轴端为锥形表面的连接中。（　　）
9. 销可用来传递动力或转矩。（　　）
10. 圆柱销和圆锥销都依靠过盈配合固定在孔中。（　　）

三、填空题（40 分）

1. 键连接主要用来实现轴与轴上零件之间的______并传递____和______。
2. 机器中零件与零件之间根据连接后是否可拆，分为______连接和______连接等。
3. 平键连接根据用途不同，分为______连接、______连接和______连接等。
4. 普通平键按键的端部形状不同可分为______、________、______三种形式。
5. 平键连接的特点是依靠平键的两侧面传递________，因此键的______是工作面，对中性__________。
6. 在平键连接中，当轮毂需要在轴上沿轴向移动时可采用________平键。
7. 销连接主要用于________，既是组合加工和装配时的__________零件，还可以作为安全装置中的________零件。
8. 销的基本类型有________和______等。

四、综合题（20 分）

1. 解释普通平键的标记：键 C20×125 GB/T 1096—2003

2. 销的用途有哪些？

第十二章　轴　　承

一、选择题（20 分）

1. 滚动轴承内圈通常装在轴颈上，与轴（　　）转动。

A. 一起　　B. 相对　　C. 反向

2. 可同时承受径向载荷和轴向载荷，一般成对使用的滚动轴承是（　　）。

A. 深沟球轴承　　B. 圆锥滚子轴承　　C. 推力球轴承

3. 主要承受径向载荷，外圈内滚道为球面，能自动调心的滚动轴承是（　　）。

A. 角接触球轴承　　B. 调心球轴承　　C. 深沟球轴承

4. 主要承受径向载荷，也可同时承受少量双向轴向载荷，应用最广泛的滚动轴承是（　　）。

A. 推力球轴承　　B. 圆柱滚子轴承　　C. 深沟球轴承

5. 能同时承受较大的径向和轴向载荷且内外圈可以分离，通常成对使用的滚动轴承是（　　）。

A. 圆锥滚子轴承　　B. 推力球轴承　　C. 圆柱滚子轴承

6. 圆锥滚子轴承承载能力与深沟球轴承相比，其承载能力（　　）。

A. 大　　B. 小　　C. 相同

7. 整体式滑动轴承（　　）。

A. 结构简单　　B. 适用于重载高速的场合　　C. 磨损后可调整间隙

8. 径向滑动轴承中，（　　）装拆方便，应用广泛。

A. 整体式滑动轴承　　B. 剖分式滑动轴承　　C. 调心式滑动轴承

9. （　　）一般用于低速、轻载或不重要的轴承中。

A. 滴油润滑　　B. 油环润滑　　C. 润滑脂润滑

10. 在闭式传动中，（　　）适用于中速机器中轴承的润滑。

A. 油环润滑　　B. 压力润滑　　C. 润滑脂润滑

二、判断题（20 分）

1. 轴承性能的好坏对机器的性能没有影响。（　　）
2. 调心球轴承不允许成对使用。（　　）
3. 双列深沟球轴承比深沟球轴承承载能力大。（　　）
4. 双向推力球轴承能同时承受径向和轴向载荷。（　　）
5. 角接触球轴承的公称接触角越大，其承受轴向载荷的能力越小。（　　）
6. 滚动轴承代号通常都压印在轴承内圈的端面上。（　　）
7. 滑动轴承能获得很高的旋转精度。（　　）
8. 滑动轴承轴瓦上的油沟应开在承载区。（　　）
9. 轴瓦上的油沟不能开通，是为了避免润滑油从轴瓦端大量流失。（　　）

10. 润滑油的压力润滑是连续式供油装置，而润滑脂的压力润滑是间歇式供油装置。(　　)

三、填空题（40 分）

1. 轴承的功用是支承______及______，并保持轴的正常______和________。
2. 轴承按摩擦性质不同可分为____________和______________两大类。
3. 滚动轴承的基本结构由______、______、______和______四部分组成。
4. 保持架的作用是分隔________，以减少滚动体之间的________和________。
5. 通常滚动轴承的______随着轴颈旋转，而________固定在机体上。
6. 常见滚动轴承的滚动体有__________、__________和____________等。
7. 滚动轴承常用的密封方法有__________和_____________。

四、综合题（20 分）

解释下列滚动轴承代号的含义

1. 232/28

2. 52308

3. 31300

4. 6211/P6

第十三章　联轴器、离合器和制动器

一、选择题（20 分）

1. （　　）允许两轴间有较大的角位移，且传递转矩较大。

A. 套筒联轴器　　B. 万向联轴器　　C. 凸缘联轴器

2. （　　）应用于载荷平稳、起动频繁、转速高，传递中、小转矩的场合。

A. 齿式联轴器　　B. 滑块联轴器　　C. 弹性套柱销联轴器

3. （　　）具有良好的补偿性，允许有综合位移。

A. 滑块联轴器　　B. 套筒联轴器　　C. 齿式联轴器

4. （　　）适用于两轴的对中性好、冲击较小及不经常拆卸的场合。

A. 凸缘联轴器　　B. 滑块联轴器　　C. 万向联轴器

5. （　　）一般适用于低速，轴的刚度较大、无剧烈冲击的场合。

A. 凸缘联轴器　　B. 滑块联轴器　　C. 万向联轴器

6. （　　）广泛用于金属切削机床、汽车、摩托车和各种起重设备的传动装置中。

A. 牙嵌离合器　　B. 齿形离合器　　C. 超越离合器

7. 自行车后轴为（　　）离合器。

A. 超越　　B. 齿形　　C. 牙嵌

8. （　　）离合器常用于经常起动、制动或频繁改变速度大小和方向的机械中。

A. 摩擦式　　B. 齿形　　C. 牙嵌

9. （　　）离合器多用于机床主轴箱中。

A. 齿形　　B. 摩擦式　　C. 牙嵌

10. （　　）离合器具有过载保护作用。

A. 齿形　　B. 超越　　C. 摩擦式

二、判断题（20 分）

1. 联轴器都具有安全保护作用。（　　）

2. 万向联轴器主要用于两轴相交的传动。为了消除不利于传动的附加动载荷，一般将万向联轴器成对使用。（　　）

3. 自行车后飞轮采用了超越离合器，因此，可以蹬车、滑行乃至回链。（　　）

4. 汽车从起动到正常行驶过程中，离合器能方便地接合或断开动力的传递。（　　）

5. 离合器能根据工作需要使主、从动轴随时接合或分离。（　　）

6. 就连接、传动而言，联轴器和离合器是相同的。（　　）

7. 为了降低某些运动部件的转速或使其停止，就要利用离合器。（　　）

8. 内张式制动器广泛应用于各种车辆以及结构尺寸受限制的机械中。（　　）

9. 外抱式制动器制动时冲击大，不宜用于制动力矩大和需要频繁起动的场合。（　　）

10. 带式制动器结构简单，径向尺寸小，但制动力不大。（　　）

三、填空题（40 分）

1. 联轴器和离合器是机械传动中常用的部件，它们都是用来________，使其一起________并传递________的装置。

2. 按结构特点不同，联轴器可分为________联轴器和______联轴器两大类。

3. 离合器既可连接两轴，以传递______和____，又能根据______随时使主、从动轴________或________。

4. 常用的机械离合器有______和______两种。

5. 制动器一般是利用______来降低机器运动部件的______或使其____的装置。

6. 按制动零件的结构特征，制动器一般可分为______、________和______等。

7. 制动器的零件要有足够的________、________和______，还要有较高的______。

四、综合题（20 分）

1. 联轴器和离合器在功用上有何异同点？

2. 制动器为什么一般安装在转速较高的轴上？